読むワイドショー【目次】

はじめに

どうでもよさそうなことが気になってしまいます。たとえば、テレビドラマを観ていて気になるのが、最終回の二話くらい前から「最終章」になること。いまや定番の手法になりましたけど、むかしはこんなシステムなかったですよねえ。

連続ドラマは最終回の視聴率が高くなる傾向があるから、もうすぐ最終回になりますよ、ってアピールし、最終回に向けて前倒しで視聴率を上げていこう、という目論見なのでしょう。

二〇二二年五月に放送された『マイファミリー』（全一〇話）に至っては、第八話からの最終章をアピールするために、第七話放送時のテレビ番組表に「最終章直前」と書かれてました。ついに最終章の前倒しも始まったようです。

それにしても最終章っていつから始まったのか、気になりませんか。まあ、多くのかたは気になったとしても調べないのでしょう。調べるにしても、ネットでサクッと検索し、上位に出た結果だけを見て満足する。現代人の知的探究心とは、その程度のものです。

ネットでサクッと最終章を検索すれば、二〇〇八年六月にフジテレビで放送されていた『ラストフレンズ』が最終章を使ったことで、最終回と紛らわしいと批判する声が視聴者から上がっていた、なんて記述が出てきます。やはり当初は最終章という耳慣れぬ表現にとまどう視聴者が少なくなかったようです。

これをもってほとんどのみなさんは、最終章を最初に使ったのは『ラストフレンズ』だったのか、と納得して調査終了。

でも、文献調査を専門としてる私はこの程度では納得しかねます。裏を取るのは調査の鉄則。この説の裏を取るために放送当時の新聞をめくり、テレビ欄を確認してみました。

たしかに二〇〇八年六月一二日放送回の『ラストフレンズ』のサブタイトルは「最終章・愛と死」となってます。

なお、同時期に放送されていたドラマ『CHANGE』も最終章を使っていたと、あるコラムニストが雑誌に書いてましたけど、それは記憶違いです。『CHANGE』では最終章は使われてなかったことが確認できました。

裏を取るためにわざわざ新聞のテレビ欄を確認したのはムダではありませんでした。ネットでは指摘されていない事実がわかったのです。なんと、『ラストフレンズ』とまったく同じ日にテレ朝で放送された『7人の女弁護士』のサブタイトルも「最終章…ＤＶ殺人!!盗撮されたセレブ女」となってました。偶然……？　それとも……？

ともあれ、『ラストフレンズ』と『7人の女弁護士』が同時に最終章を使っていたことは確定。さらに念のためさかのぼって確認したところ、その前クールのドラマ『あしたの、喜多善男』が三月一一日放送回で「最終章!!絶望をのりこえろ」というサブタイトルをつけていたではありませんか。その前のクールでは、どのドラマも最終章は使ってません。

そこで私はツイッターに、『あしたの、喜多善男』が最終章を最初に使ったドラマなのではないかと書きこみました。これより前の例をご存じなら教えてほしい、とのお願いを添えて。

するとそれに反応してツイートしてくれた人がいました。一九九八年の『ウルトラマンダイナ』で最終章が使われていたと。

一気に一〇年さかのぼる説が出ました。新聞のテレビ欄には最終章の文字はなかったのですが、他の資料を調べると、たしかに『ウルトラマンダイナ』の放送では使われていたことがわかりました。なのでこれが現段階で確認できた最初の例になります。

でもそうなると、またべつの点が気になります。『ダイナ』から『喜多善男』までの空白の一〇年はなんだったのか。その間、他にも最終章を使っていたドラマがあったのか。『喜多善男』のサブタイトルに最終章とつけたスタッフは、『ダイナ』での使用例を知っていて流用したのか、もしくは知らずに偶然使ったのか。

このように、どうでもよさそうなこともきちんと調べてみると意外な事実が引き出され、その事実からさらに新たな興味が湧いてきます。文献調査はハマると病みつきになります。


なぜ画面隅の小窓をワイプというのか。なぜ逮捕された歌手のレコード、CDは回収されるのか。コメンテーターとは何者なのか。いつから芸能人の政治発言がタブーになり、政治漫談や政治コントが放送されなくなったのか。

テレビや芸能に関して長年気になってたけど、だれも教えてくれなかったさまざまな疑問を、私が調べてみました。

本書の執筆にあたり、関係者へのインタビューは一切やってません。私はテレビ業界に何のツテもありませんし、五〇年、六〇年も前のことをご存じのかたは亡くなられてる場合も多いです。

そもそも私は人の記憶というものを信じてません。どうでもいいようなことほど、忘れられやすいし、長い歳月のあいだには、記憶のディテールが改変されてしまいがち。なので人から話を聞いたとしても、そこに記憶違いがないかどうかを文献で調べ裏を取る作業が不可欠です。

私は記憶より記録を重んじます。事件や現象が起こった同時代のインタビューや証言、コラムなどを新聞・雑誌・書籍から拾い集め突き合わせることで、歴史文化の事実が少しずつ浮かび上がってきます。

このやりかたの利点は、根拠をすべてあきらかにできること。

私は覆面作家なので自分のプロフィールはデタラメですが、本文内容にウソ偽りはありません。すべて根拠にもとづいて書いてますし、その根拠となった文献は、文中もしくは巻末の参考文献ですべて公開してるので、ウソをつくことなどできません。

もちろん私が資料を誤読していたり、資料そのものに間違いがある可能性はあります。本書を読んでこれはウソだ、間違いだと思ったなら、私が提示している出典を確認し、裏を取ってみてください。その上で私に間違いがあるのなら、教えていただけたらと思います。もちろん、ドラマ「最終章」の最古の使用例についての情報提供もお待ちしています。

敬称について

人物の敬称に関しては私なりのルールがありまして、本書でもそれを適用しています。

存命中の人物（もしくは、はっきりとはわからないけど、たぶんまだ存命中であろうと思われるかた）には基本的に全員「さん」をつけます。〇〇首相のように肩書き、役職名で代用する場合もあります。

　亡くなったかたは歴史上の人物と同等に扱うことにしてるので、敬称はつけません。ただし、最近亡くなったばかりでまだ存命中の印象が強く残っているかたの場合、敬称をつけることもあります。その辺のさじ加減は、あくまで私個人の感覚によります。

　なので、同じページ内に敬称ありと敬称なしの人物名が混在していることがありますが、それは存命中の人か物故者かの違いであり、個人的な好き嫌いで差をつけてるわけではありません。

どこから来たのか、どこへ行くのか、コメンテーター

†ワイドショーを観ない理由

ワイドショー、観てますか。観てない？　それはなぜ？　平日の昼間は働いている、もしくは学校に通っているから観られない。なるほど。おそらくそう答えるかたがもっとも多いのでしょう。

でもワイドショーを観ないのは、本当に「忙しいから」「時間がないから」という理由なのですか？　だってみなさん、仕事や学業で忙しくてもドラマやアニメ、バラエティなどは録画したり、有料配信を利用してでも観てるじゃないですか。録画したものをスマホにダウンロードして、通勤・通学の電車内で観るスタイルも定着しました。忙しいなかでもテレビを楽しめる視聴環境は、むかしとは比べものにならないほど充実しています。

なのにワイドショーはご覧にならない。それはつまり、積極的に観るほどの価値を見出せないということですよね。観られないのではなく、観ようと思わないから観ていない。単純でちょっと残酷な結論が導き出されます。

平日も休日も関係なく昼間から家でだらだらと原稿を書いたり、だらだらと資料や本を読んだり、だらだらとテレビを観たりして過ごす、低収入で生産性のない生きかたをしている私は、その気になればいくらでもリアルタイムでワイドショーを観られます。だけど、その気になったことはありません。私にとってワイドショーとは、たまに病院や歯医者の待合室のテレビで観る、時間つぶしの番組でしかないのです。

自分がワイドショーを観ない理由を考えてみたところ、思い当たるフシが三つありました。一番大きい理由は、たぶん多くのみなさんと一緒で、積極的に観たいと思える内容ではないからです。でもこれをいってしまうとミもフタもなく考察が終了してしまうので、それ以外に二つ理由を考えました。

ひとつは、ニュースを毎日観てるので、ワイドショーまで観る必要性を感じないから。

そしてもうひとつが、コメンテーターがうざいから。

†このやりとり、要る?

かれこれ一〇年近く自宅で新聞を購読していない私は、もっぱらテレビでニュースを観ています。ネットのニュースサイトは補助的にしか使いません。

テレビニュースは九割がたNHKを観てます。ひいきにする理由はいくつかありますが、そのひとつが、うざいコメンテーターが出演しないこと。

近ごろの民放では、ニュース番組にもコメンテーターが出演するのがあたりまえになってしまいました。だいたいは、大学の先生、弁護士、会社経営者なんて肩書きの人が選ばれてるようで、あたりまえのような顔をしてスタジオに座ってるけど、この人たち本当に必要ですか？

ひとつニュースを読み上げるたびにアナウンサーが「○○さん、いかがですか？」とコメンテーターにお伺いを立てます。するとコメンテーターは自分の専門分野ではない事柄であっても「そうですねぇ……」と口を開き、毒にも薬にもならないご託宣を披露するのです。

このやりとり、要る？

困ったことに、選挙期間中になるとＮＨＫはなぜか朝のニュースの時間に政見放送をやりやがるんです。その時間は朝食をとりながら、出掛ける支度をしながら、みんなニュースを観たいんですよ。なんでわざわざその時間にいやがらせのように政見放送をぶつけてくるのか、意味がわかりません。午後の時間帯にでもまとめて放送すればよさそうなものですが。

仕方ないので選挙期間中だけは民放にチャンネルを合わせます。

普段ＮＨＫのニュースに慣れているから、たまに民放のを観ると、とにかくＣＭがジャマくさい。CMがなければやっていけない民放のみなさんには申しわけないのだけど、正直な感想なんで。

民放のニュースにはくだらないエンタメ情報が多いことにもイライラします。「〇〇さんのミュージックビデオがYouTubeで一億回再生を達成しました〜」みたいなネタ。それニュースで伝えなきゃならないことなのかな？　エンターテインメントは好きですよ。音楽も映画も大好きです。だけどそれらの情報は、ニュースの時間に教えてくれなくてもいい。エンタメ情報番組みたいな別枠でやってもらえませんか。

†コメンテーター発言時間調査

選挙期間中にTBSの朝のニュース『THE TIME』を観たら、いまどき珍しくコメンテーターが出演してないことに気づき、その英断に感心しました。実際、アナウンサーと気象予報士だけでも番組は成立してましたし、物足りなさをおぼえることもありませんでした（あ、なんかピアノを弾く人もいたな）。ニュースにコメンテーターは必要ないという私の持論が立証されたようで、朝からすがすがしい気分になりました。

とはいえ、コメンテーターの主戦場といえば、ニュースではなく、やはりワイドショーです。まあ、それがうざいからワイドショーを観ないのですが――。

そう思ってきました。でもあらためて考えてみると、私はたまに病院の待合室で観てるだけ。しっかりした根拠もなしに、印象だけで否定・忌避《きひ》するのはヘイトみたいでよろしくないと反省。そして思い立ちました。ワイドショーの番組中で、コメンテーターがしゃべってる時間はどれくらいなのか、計測してみようじゃないか。

誰でも思いつきそうな試みです。誰かがすでに調べてくれてそうな気がします。そこでふと思い出したのが、むかし堀井憲一郎さんが週刊誌で連載してた「ずんずん調査」。庶民目線の切り口で、どうでもよさそうなことを真剣に計測してました。

コメンテーターがしゃべってる時間なんてのも、いかにも調べてそうじゃないですか。あわよくば、自分が調べなくても……と過去の雑誌記事を検索したのですが、ありませんでした。堀井さん以外にも調査した人がいないようなので、このテーマ、意外と盲点だったみたいです。

手抜きができないことにがっかりし、自分で調べることにしました。ただし、私は真剣に調べてません。調べかたには思いっきり手を抜いてます。本来なら、曜日や月などを変えて何度も調べて平均値を算出しなければ学術的に有効なデータは得られません。私は一日だけしかやらなかったので、あくまで、ある一日のサンプルにすぎないことを、おことわりしておきます。

調査したのは二〇二一年一二月一四日。いちおう、世間を揺るがすような大きな事件や事故が起きてない日を選びました。犯罪事件と生活情報、グルメ・エンタメ情報などワイドショーの定番がほどよくミックスされた、通常営業といえる放送日でした。

『スッキリ』（日本テレビ）

『羽鳥慎一モーニングショー』（テレビ朝日）

『めざまし8』（フジテレビ）

『情報ライブ ミヤネ屋』（日本テレビ）

『ゴゴスマ～GOGO! Smile!～』（TBS）

以上、東京で午前と午後に放送されていた五番組を録画した上で計測しました。お昼にも三番組ほどあるのですが、今回はパス。

調べかたも雑です。ストップウォッチ片手に、コメンテーターがしゃべってる時間を計測するアナログな手法だから厳密ではありません。なお、外部の専門家がしゃべってる時間は除き、あくまで、スタジオにいるレギュラーコメンテーターだけを対象としました。

その結果をまとめたのがこの表です。

『スッキリ』だけが二時間半の枠で、その他は二時間枠。参考までに、CMを除いた本編

	放送時間枠	コメンテーター発言時間	コメ発言比率（%）	コメンテーター人数	CMを除いた本編時間
スッキリ	2時間25分	15分15秒	10.34	3	2時間
羽鳥モーニング	1時間55分	15分51秒	13.91	2	1時間35分
めざまし8	1時間50分	13分3秒	11.82	3	1時間31分
ミヤネ屋	1時間55分	9分12秒	7.83	3	1時間35分
ゴゴスマ	1時間54分	19分8秒	16.67	5	1時間33分

表　コメント時間

時間も計ってみたら、ほぼ横並びです。これは民放各局が取り決めたCM総量規制という枠組みのせいでしょう。一週間のCM総量を放送時間の一八%以内にするという規定があって、これを各番組も遵守しているのだと思われます。

この日、コメンテーターがしゃべった時間が一番短かったのは『ミヤネ屋』でした。ただ、この日は新型コロナについて専門家がリモートで話している時間がかなり長かったので、そのぶん、スタジオのコメンテーターの持ち時間が減らされた可能性もあります。

コメンテーターの発言時間がもっとも長いのは『ゴゴスマ』でしたが、コメンテーターの人数が他の番組より多いことを考慮すれば納得できます。

各番組の放送時間枠内でコメンテーターの発言が占める割合は、平均一二%程度。

もっと多いと予想してました。仮にコメンテーターがしゃべってるところを全部カットしたとしても、放送時間をせいぜい一五分短縮できるだけでした。

普段ワイドショーと縁のない私が一日だけ観ての感想なので、たまたまかもしれませんが、少なくともこの日は、どうしようもない発言をするコメンテーターはいませんでした。過去には、生放送で差別発言をしてクビになったコメンテーターもいると聞いてます。そういう知的・性格的に問題のある人間はワイドショーから一掃されたのでしょうか。

五番組を観たことで、コメンテーターに抱いていた偏見がだいぶ払拭《ふっしょく》されたのは認めます。しかし、それでもまだコメンテーター不要論を撤回するところまではいきません。

結局、私はコメンテーターの何が嫌いなのだろうと考えると、やはり、コメンテーターが自分の専門以外の事柄についてもエラそうに発言している点に尽きるのかなと。

たとえば新型コロナのことについてなら、医療の専門家の話を聞くべきです。複数の専門家の話を聞ければ、比較できるのでさらによい。あるいは専門外の人であっても、自分が感染して重症化したときの経験談なら、それには耳を傾ける価値があります。

まったく意味がないのは、専門家の解説を聞いたあとで司会者とコメンテーターが交わすこんな会話。

「どうですか、○○さん？」

「いやあ、コロナには気をつけたいですねえ」

どうですかって、あいまいすぎて何を答えたらいいのかわからない質問をする司会者も司会者ですが、コメンテーターのほうも、知らないことについてコメントを求められたら、「知りません」「わかりません」「興味ありません」と正直に答えるべきでしょう。知ったかぶりは最低の知的態度です。知らないことは知らないと答えられるのが本物の知性です。

†解説者と解説委員

そもそもコメンテーターとは何なのでしょうか。それだけで食ってる専業の人はおそらく日本にはいないので、職業とはいい難い。〝フリーのコメンテーター〟なんて肩書きを名乗ってる人を見たことがないし、たぶん副業としてしか成立しない職種でしょう。

では、いつごろから存在したのか。日本の文献に「コメンテーター」が登場するのは一九五〇年代のこと。しかし呼び名は同じでも、日本における「コメンテーター」の意味は、一九八〇年代を境に大きく変化していたことに注意が必要です。

変化前、一九七一年刊の『広告大辞典』は「コメンテーター」をこう定義しています。

ニュース解説者のこと。単なるニュース・アナウンサーではなく、ニュースの背景や意義を分析して、視聴者にわかりやすく説明する人のこと。

この定義は、英米での「コメンテーター」の定義をそのまま訳したものと考えられます。さかのぼって一九五六年、まだラジオが主流だった時代に出版されたメディア解説書『報道・教養番組』には、「名コメンテーターを待望する」という一節があります。

この本でもコメンテーターをニュース解説者と説明しています。アメリカでは各放送局に人気の解説者がいて、世間への影響力もあるといいます。すでにコメンテーターが独立した職業として認知されていたアメリカに比べると、日本ではまだ多くの解説者が新聞記者の内職なのだ、と。

この本の著者・岩永信吉も共同通信の報道畑にいた人で、ラジオから依頼されてニュース解説をしていたそうです。でも下調べなどに時間を取られるわりには昼飯代の小遣い稼ぎ程度にしかならなかったとボヤきます。

で、岩永がうらやましがってるのがNHKの解説委員。いまでもNHKのテレビニュースにはときどき解説委員という人たちが出てきて、ニュースの解説をしていますけども、ラジオの時代からNHKには解説委員室という部署があったのです。ニュース解説に力を入れてることがＮＨＫのニュースの充実度にあらわれているようであるが、民放がそれに追随しないのは、解説は儲かる番組にならないからだろうと岩永は分析しています。

ところでＮＨＫの解説委員という人たちですが、彼らはＮＨＫの局員で、記者などを長年務めてきた人がなるようです。政治・経済・各国情勢・科学など、それぞれの専門分野の知識や取材経験をもとに、ニュースの解説をする役割を担ってます。つまりあの解説委員のイメージが、コメンテーター本来のイメージに近いと思ってくださってけっこうです。なぜか『正論』という雑誌はＮＨＫの解説委員がお嫌いなようで、彼らの意見にことごとくケチをつけてきます。ただし公平を期すために、『週刊金曜日』とネットメディアの『リテラ』もときどきＮＨＫ解説委員にケチをつけてることをお伝えしておきます。

不思議なことに、ＮＨＫは左右両派から「不偏不党を守れ！」と批判されてるのですが、まさにそれこそが、ＮＨＫが中立に近いところにいるという、なによりの証拠です。

そもそも、すべての人間を左派か右派のどちらかに分類したがる人たちの人間観こそが、非現実的でデタラメなんです。ほとんどの人間は右でも左でもありません。左派も右派も声がデカいから目立ちますが、どちらも人類全体からしたら端っこのほうにたむろする少数派にすぎません。なのに、どちらも自分が世界の中心だと自信を持ってカン違いしています。そして、左派は真ん中より右にいる人たちをすべて右派とみなして攻撃し、右派は真ん中より左にいる人たちをすべて左派とみなして攻撃します。

これが、真ん中にいる人が左右両方向から攻撃を受ける仕組みです。真ん中に立つ人は、思想的には損な役回りです。だから精神力の弱い人間はコワくなって、右か左に寄りたがります。左右どちらかに所属すれば、仲間ができるからラクできます。自分は何も考えなくても、仲間が理屈を考えてくれるし、守ってもらえる。それだけで安心できるじゃないですか。

右でも左でもない者をどっちつかずの日和見主義者などと批判するのは的外れ。真ん中に居続けるにはそれなりの精神力が必要です。左派だの右派だの保守だのと名乗って仲間と群れてるほうがよっぽど簡単。

私が見るかぎりでは、NHKの報道姿勢は左派というほど偏ってなく、左派寄りの中道、くらいの感じです。だから『正論』からは「NHKは左翼偏向報道だ！」と叩かれるわけですが、たまに保守寄りの発言をする解説委員も登場するので、『週刊金曜日』からも「NHKは右翼偏向報道だ！」と叩かれます。

どちらからも叩かれるってのは、報道メディアとして悪いことではありません。なにより重要なのは、右寄りの『正論』も左寄りの『週刊金曜日』も中道のＮＨＫも存在が認められる社会であり続けること。いろんな立場の考えが自由に読める、見られる、聞けるかぎり、まだ日本社会は健全性を保っているといえます。どれかがなんらかの圧力によって潰されたら、それは危険な徴候です。

先ほど私は、ＮＨＫのニュースにコメンテーターが出演しない点を評価しましたが、正確にいいますと解説委員というコメンテーターは出演しています。でも不快感をおぼえないのは、彼らが専門分野の解説者として必要とされるときだけ登場し、解説が終わると画面からはけるからです。

民放型コメンテーターは、自分の専門分野の解説が終わっても、ニュース番組の放送終了までずっと画面の隅にヒマそうに居座ってますけど、出番が終わったらさっさと帰ればいいんです。

ちなみにＮＨＫのサイトには解説委員室というページがあって、それを見ると二〇二二年四月時点で解説委員は四一人いるとのこと。え、そんなに？　これほど多いと、ベテラン社員のためのポストとして用意されてるのかなぁ、ＮＨＫってやっぱりお役所っぽいのかなあ、なんて勘ぐってしまいます。

民放にも解説委員はいます。名称・肩書きが異なることもあるけど、解説委員的なポジションの人はいるんです。なかにはワイドショーのレギュラーコメンテーターになる人もいますが、総じてニュースなどに出演する機会は少ないので、彼らは目立たない存在です。TBSが一九五八年から二〇二〇年まで出版していた『調査情報』という雑誌がありました（その後ネットメディアに移行）。あまり一般に流通してなかったのでほとんどのかたはご存じないと思いますが、報道・エンタメなどテレビ放送全般に関するマジメな考察やオピニオンを載せていて、メディア研究の参考になる記事をけっこう拾えます。

二〇〇八年五月号の特集「テレビ局解説委員に聞け！」で、民放の解説委員のみなさんが口々にいうのは、『あすを読む』『時事公論』など解説委員が担当する番組をむかしから放送してるNHKがうらやましいってこと。五〇年代の新聞記者と同じことをいってます。いまだに民放には、解説委員が活躍する場が用意されてないんです。

まあでも、解説委員だけが登場してしゃべるニュース解説番組なんてのは、スポンサーがいないNHKだからこそ成立するのかもしれません。民放だと番組として放送するにはスポンサーをつけなきゃなりません。そうなるとスポンサー企業の業界を批判するような解説はいえないいんじゃないでしょうか。

ニュースではないのですが、二〇二二年にNHKで『正直不動産』というドラマが放送されました。不動産業界に横行する悪質な手口やら、顧客軽視の業界体質を暴露する内容のマンガが原作となってます。そこそこ人気のある作品なのに、マンガを手当たり次第にドラマ化してる民放がこれまでどこも手をあげなかったのは、おそらく民放では企画が通らなかったからではないでしょうか。民放は不動産業界から大量のCM出稿を受けてます。お得意様である不動産業界の恥部や暗部を晒すドラマなんかを放送してご機嫌を損ねでもしたら、さあ大変。

国境なき記者団が発表している「報道の自由度ランキング」では日本は七一位とか、毎回、先進国とは思えない順位にランキングされてます。日本のメディアは政府や大企業に気兼ねして自己検閲・自粛をしすぎているというのが理由なのですが、なかなか痛いところを突いてきますね。

†『TVスクランブル』が果たした役割

テレビ・ラジオ以外にも、コメンテーターが登場していたことが確認できる史料があります。一九七八年の一年間、『月刊自由民主』に「ミニ討論会」というコーナーが掲載されてます。

雑誌名で想像がつくと思いますが、これは自民党の広報誌です。「ミニ討論会」は毎月テーマを決めて行われるパネルディスカッションの模様を記事にしたもので、その形式は毎回同じ。まずはテーマと問題点、論点などを説明する基調講演が行われ、続いて数名の専門家がコメンテーターとして意見を述べたのちに、質疑という流れです。

この例からも、七〇年代末時点では、コメンテーターのイメージは、専門的な知識を持った解説者だったことがわかります。

コメンテーターの定義が揺らぎはじめたのは、八〇年代初期だったのではないかと私は見ています。その徴候が確認できる例が、『週刊平凡』一九八二年一一月四日号。一〇月から始まった日本テレビの新番組『久米宏のTVスクランブル』について、司会の久米宏さんにインタビューした記事です。

いやあ懐かしいですね。私もこの番組、リアルタイムで観てました。さすがに具体的な内容は忘れましたけど、毎週さまざまな話題の映像が流され、それについて久米宏さんと漫才師の横山やすしがああだこうだとやりとりするだけ。それだけなんだけど、なにしろ相手があの、やっさんですよ。生放送で何をいい出すかわかったもんじゃない。ときに極論・暴論が飛び出しそうになるのを久米さんが笑っていなす、そのちょっとしたスリルも相まって評判となり、番組開始直後から高視聴率を叩き出す人気番組になりました。

まあ結局、横山の発言の度が過ぎたために降板となってしまうわけですが、いまから振り返ってみると、この番組の横山やすしは、専門家ではないお笑い芸人コメンテーターの先駆者だったといえるのではないでしょうか。

彼より前にも、テレビ・ラジオで政治や社会問題を斬りまくるタレントは大勢いました。それについては本書のあとの章で詳しくお話しします。ただし、過去にそういった活動をしていたタレントはのちに国会議員になった例も多く、本気で政治社会を考えていたのです。ところが横山は、いいかた悪いけど、無責任。解説をするのでもなく、自分の思うところ、感じたままを遠慮会釈なくしゃべるだけの、「感想屋」とでもいうべきコメンテーターのスタイルを「あ、そういうのアリなんだ」と世に知らしめたのは、この番組の横山だったのではないかと。もちろんそれは、しゃべりの技術が飛び抜けていた横山の個人技あってこそだったので、安易にマネできるものではなかったのですが。

そしてこの『週刊平凡』の久米宏さんインタビュー記事で気になるのは、記事のサブ見出しなんです。

『政治と芸能を同じ次元で語っていきたい』

新番組『TVスクランブル』のコメンテーター

あれっ? 横山やすしでなく、久米さんのほうをコメンテーターと紹介してますね。実際に番組を観ていた私の印象では、久米さんは司会、MCであって、コメンテーターの立ち位置にいたのは横山のほうだったはずです。

ここからは私の仮説ですが、無責任に持論をぶちかます横山よりも、ときにそれを訂正したりする久米さんのほうが、解説者の役割に近いから、『週刊平凡』の記者やデスクはカン違いしたのかもしれません。しかしこのあたりから、日本庶民のなかでのコメンテーターイメージが、「専門家」から「感想屋」へと揺らぎはじめたのではないか……そんな考えがちらっと脳裏をよぎります。

†タレントコメンテーターの登場

さて、その後しばらくのあいだ、コメンテーターという言葉が注目される機会が減少します。理由はよくわからないのですが、私のイメージだと、八〇年代はよのなかすべてがカジュアル化して〝専門家の権威〟みたいなものが失墜していった時代だった気がします。

五〇年代・六〇年代にはある種の権威として大衆やジャーナリズムからも一目置かれて

いた文壇や論壇も、七〇年代から八〇年代にかけて影響力の低下に直面します。それとは逆に大衆は、豊かさと情報が増すなかで根拠のない自信を深めていくことになります。

そんななか、事態がふたたび動き出したのは八〇年代末のこと。八七年放送開始の『関口宏のサンデーモーニング』を皮切りに、九一年にかけてテレビ各局が、『THE WEEK』『THE・サンデー』『サンデープロジェクト』『ブロードキャスター』といった土日のニュースワイドショーを相次いで始めたのです。なかには三〇年以上経った現在でも続いている長寿番組になったものもあります。

これらの番組は、司会がタレントやお笑い芸人という点で共通してるのですが、朝や昼、午後のワイドショーではそれ以前から俳優・女優が司会を務めてきたので、さほど新たな試みってわけでもありません。それよりもやはり、レギュラーコメンテーターにタレントが起用されるケースが増えたことのほうが、大きな変化だったのです。これがきっかけとなり、七〇年代までは専門解説者を意味していたコメンテーターが、なんでも感想屋へと質的に変化していくことになります。

なかでも象徴的だったのが、『サンデープロジェクト』にコメンテーターとして起用された都はるみさん。押しも押されもせぬ人気演歌歌手だった都さんは、三十代のキャリア絶頂期に「普通のおばさんになりたい」という名言を残して歌手を引退したあと、プロデューサー業に転身していました。その都さんがコメンテーターに起用されたのは、番組内で討論コーナーを仕切っていた田原総一朗さんの個人的希望だったことを、田原さんがのちに発言しています。

番組開始から一月後、起用に否定的な意見を雑誌『創』八九年五月号に書いたのは、芸能記者の本多圭さん。都さんは普通のおばさんとして庶民目線から社会問題にコメントすることを期待されていたようだが、その役割を果たせてないことにうんざり。プロデューサー業も成果を上げられてないようだし、長年の人気歌手活動で、普通のおばさんとはいえないくらいの財産を持ってる人には、庶民目線のコメントなどできないだろう、などとかなりキビシいご指摘。

同月の『週刊宝石』は当時人気のあったNHKアナウンサー・松平定知さんに一週間の密着取材を敢行。そのなかで松平さんも「視聴率を狙うあまり、有名芸能人をコメンテーターとして使うってことは考えちゃいますね」と、実名は出さないものの、都さんをはじめとしたタレントコメンテーターのはしりだった人たちをチクリと刺します。

本多さんと松平さんの意見は、タレントコメンテーター批判のはしりだったともいえます。タレントコメンテーターは登場当初から批判の洗礼を受けていたのですが、ブームで終わらず定着したまま現在に至ることは、みなさんご承知のとおりです。

この三年後、九二年の現状を、放送評論家の松尾羊一さんが『ビジネスインテリジェンス』九月号で検証しています。

松尾さんはタレントコメンテーターたちの姿を、「ゴッタ煮的な項目について一つひとつ「感想」を求められ、とりあえず何かしゃべらなくてはならない「しゃべり屋」たち」と評します。

彼らの言葉はヤジ馬的な庶民レベルの感情論的レトリックにすぎないのでは？　と某局のプロデューサーに問いただしたところ、視聴者に「あんな有名な人でも私たちの考えと変わらないのね、安心した」と思ってもらえる線を狙ってるという明確な返答があったそうです。

つまり制作者サイドも確信犯的に庶民レベルの感想しかしゃべれないタレントをコメンテーターとして起用していたのです。でも、なんだかんだいって、それが視聴者にはウケたのだから、狙いは大当たりの結果オーライってことですか。

作家山口文憲さんは『東海総研マネジメント』九五年五月号で、テレビが大学の先生をコメンテーターとして選ぶときの基準を、かなりの皮肉交じりに四つ上げてます。

きっぱりと断定してくれるひと
どんどん憶測をしてくれるひと
話がわかりやすくて面白いひと
感じがよくて魅力的なひと

同じく作家の嵐山光三郎さんは『週刊朝日』九七年四月一八日号で、コメンテーターが多用する紋切り型を並べ、この五パターンだけでいけると揶揄します。

凶悪犯には「信じられない精神状態」
政界汚職には「公僕として許されざる行為」
援助交際には「戦後高度成長のひずみ」
いじめには「おもいやりの心」
有名人の死には「おしい人をなくした」

おふたりとも、イジり倒してますね。七〇年代までは、みんなが知らない専門知識を持った解説者として一目置かれる存在だったコメンテーターでしたが、八〇年代・九〇年代にかけて、誰もが知ってそうなことをもっともらしくしゃべるだけの感想屋へと成り下がりました。九〇年代後半ともなると、もはや大喜利のお題として小バカにされる始末。

でも、それはある意味、テレビ局の狙い通りだったともいえます。誰もが何でも知っている、そんな根拠なき自信にあふれた現代の視聴者が求めるのは、自分の意見の正しさを一〇〇パーセント肯定してくれる権威なのです。だから彼らは、自分と同じ感想をテレビで述べるコメンテーターに共感と親近感を抱きます。

自分は正しいと信じたい人たちにとっては、あなたは無知で間違ってますよ、と自分の知らない正しさを教えてくれる専門家なんて疎ましいだけ。つねに自分は正しい側、間違いを批判する側に立ってマウントを取りたいのです。

†ご意見番という存在

コメンテーターが一九五〇年代に登場したことは、すでにお伝えしました。ですがそれ以前にも、同じような役割を期待されていた人たちがいました。それは、ご意見番と文化人です。

ご意見番の元祖といったら、これはもう〝天下の御意見番〟大久保彦左衛門だった、と見て間違いのないところ。時代劇で育った昭和世代なら、徳川家康に仕えた家臣でありながら、将軍にもひるむことなく直言をした天下の御意見番としておなじみでしょうけど、その姿は、史実とは異なるようです。実際には家康とじかに話ができるほどエラい人ではなかったのですが、どういうわけか後の世の講談で将軍の御意見番に格上げされ、戦後はそのキャラが映画や小説に引き継がれました。

講釈師見てきたようなウソをつき、とはよくいったもので、講談は歴史捏造の常習犯だから気をつけてくださいね。歴史ファンタジーとして楽しむのはいいけど、信じちゃいけません。遠山の金さんとか、武蔵と小次郎の決闘とか、講談で知られるようになった人気エピソードは、歴史学者による検証でだいたいウソだと判明してます。

「御意見番」は戦前から普通に知られた言葉でしたが、わりとよく使われるようになったのは戦後のこと。大久保彦左衛門にならって、知恵者のアドバイザーを政界のご意見番、財界のご意見番、街のご意見番などと讃えるようになったのです。

一九七〇年代後半、やたらとご意見番が増えた業界がありました。それはプロ野球界です。正確にいうとプロ野球解説界。「球界のご意見番」というフレーズがプロ野球解説者のキャッチフレーズとして多用されはじめます。たとえば『週刊ベースボール』では七六年三月から、山下重定の「球界御意見番物申す！」という連載が始まってます。

政界のご意見番、財界のご意見番というおなじみのフレーズは、球界のご意見番ともじりやすかったことで一気に広まったのでしょう。そう考えると、それからまもなく「角界のご意見番」というフレーズが相撲解説者の間に広まったのも自然な流れです。

九〇年代に入ると、多種多様な業界にご意見番が普及します。近年では、歌手の和田アキ子さんが長らく芸能界のご意見番といわれてるイメージが強いのではないでしょうか。そう呼ばれるようになったきっかけはおそらく、八四年に出版した『和田アキ子だ文句あっか！』の大ヒットだったと思われます。ただ、雑誌の記事見出しで確認できる最初の例は、九六年の『女性セブン』一〇月一〇日号です。このころようやく、和田さんのご意見番としての扱いが定着したのでしょう。

ちなみに歌手の淡谷のり子は『週刊大衆』九九年一〇月一八日号の追悼記事で「昭和の最強御意見番」と書かれてます。淡谷はラジオ時代から人生相談を長く担当してたし、実力不足の若手歌手たちに容赦ないダメ出しをすることでも知られていたので、芸能界で、まさにこれほどご意見番という肩書きがぴったりな人は他にいなかったと思います。ただし意外なことに、現役時代にご意見番と呼ばれてた様子は見られないんです。

†〝文化人〟こそが元祖コメンテーターだった？

コメンテーターが、自分の専門外のことまで知ったかぶって中身のないコメントをすることにイラ立っているのは私だけではありません。同様の批判をしてるコラムは探せば何本も見つかります。

でもさすがに、同様の意見がおよそ七〇年前の雑誌に掲載されていたのを見つけたときには、ちょっと驚きました。一九五四年の『中央公論』一二月号に掲載された、福田恆存「平和論の進め方についての疑問」です。

これは、左翼系インテリが主張する平和論が現実的ではないのではと疑問を呈する小論で、掲載された『中央公論』の編集後記で「愚問」とディスられる珍しい扱いをされたことで知られてます。掲載している記事を編集後記で批判することは普通はないんですけどね。一方で、左派にあらずんば人にあらずみたいな空気が支配的だった当時の論壇では、保守派からの勇気ある発言と賞賛する向きもありました。

といってもやはり左派からの反論が相次ぎまして、福田はこの件以降、文壇で村八分扱いを受けたなどとグチをこぼしてました。でもそれは被害妄想の入った大げさな逆恨みです。福田にはときどき話をかなり盛って自分に都合のいい方向へ誘導する悪いクセがあるので（講釈師気質？）、私はこの人の言葉は話半分に聞いてます。

実際のところはといいますと、これ以降も『中央公論』は福田の論を何度も掲載してます。彼が文壇で発表の場を奪われたような事実は認められません。

ですが今回取りあげるのは、その本論ではありません。本論はいまとなってはたいした考察ではないです。福田自身も平和を実現するための現実的なアイデアを提示できてない点では、左派と五十歩百歩だし、結局アメリカと仲良くして軍事協力を仰ぐしかないといってるだけなんですから。その程度の分析なら、場末の飲み屋の酔っぱらいたちもやってます。

それよりも、本論と直接関係のない序論部分、落語でいえばまくらの部分に注目しましょう。「文化人」と呼ばれる人々をネチネチとイビる序論部分のほうが断然おもしろい。

福田は以前、講演のために九州へ行ったとき、現地の飛行場に着くやいなや新聞記者から「九州の印象を聞かせてください」と質問されました。

質問には答えずシカトしたようですが、こころの内では、初めて来たばかりでわかるわけないし、九州に詳しいわけでもない自分に九州の印象を聞いてどうしようというのだ、といらだちをおぼえていたのです。

議会で乱闘騒ぎが起きたりすると、新聞記者がすぐに有名な大学教授のところに飛んでいって、「呆れてものがいえない」なんてコメントをもらって記事にする風潮にも、そんな感想が要りますか、と批判しています。

……「文化人」とは、こういうばあいに意見をきかれる資格ありと見なされている人種であり、また当の本人もいつのまにか何事につけてもつねに意見を用意していて、問われるままに、ときには問われぬうちに、うかうかといい気になってそれを口にする人種である……

……「文化人」はなんでもかんでも、あらゆることに原因や理由を指摘でき、意見を開陳できなければならないのでしょうか。

……彼らは「自分にはよくわからない」とか「その問題には興味がない」とか「いままで考えたこともないことだから、にわかに答えられない」とか、そういった返事をなぜしないのでしょう。

（注・現代かなづかいに表記を変更しました）

「文化人」を「コメンテーター」といいかえれば、そっくりそのまま現代のテレビコメンテーターへの批判になりそうな文章です。

†コメンテーターよ、どこへゆく

文化人という言葉は一九二〇年代から使われはじめた言葉で、西洋式の工業や文化が発展した大正時代の新語・流行語みたいなもの。

当初は自然人の対義語と理解されていたようです。米田庄太郎『現代文化人の心理』（一九二一年刊）では、自然に支配されるのが自然人、自然を支配するのが文化人と定義されるとしていますが著者の米田も、その区別はあいまいで、文化人も自然に支配されることもあるなどといってます。

まあ、そうでしょうね。自然と文化で人間を二分するなんて乱暴すぎます。実際、その定義は馴染まなかったようで、「文化人」はじょじょに、学者・作家・芸術家などのインテリを総称する言葉として使われるようになります。

福田のいいぶんを信じるなら、どうやら一九五〇年代には、文化人は専門外の知らないことにもっともらしいコメントをしてくれる存在として、マスコミから重宝されていたようです。大衆にもそれをありがたがる人が多かったのでしょう。

であれば、文化人が現代のコメンテーターのルーツと考えるべきなのでしょうか。文化人が変化・進化（退化？）を繰り返してたどりついた現在地が、コメンテーターなのでしょうか。

昭和の人気評論家・大宅壮一が、テレビの普及によって一億総評論家時代が到来すると予言したのが五〇年代。大宅が予測できなかったネットの普及によって、誰もが世界に向けて意見を発信できるようになり、一億総コメンテーター時代が実現しました。

ネットの熱心な信者たちは、テレビを筆頭とした既存のマスメディアはオワコンだと鼻息荒くいい切りますが、テレビは終わるどころか、二〇二二年には民放BSのチャンネルがまた三つ増えました。テレビ好きな私でさえ時代遅れに感じるワイドショー番組はまだしぶとく続いてます。ワイドショーを拠点とする感想屋コメンテーターや非専門タレントコメンテーターも、テレビ界に居座り続けてます。

さて、コメンテーターはこのあと、どこへゆくのでしょう。ネット動画に主戦場を移すのか、一億総コメンテーター時代のなかで需要が失われ、消えゆく運命なのでしょうか。

画面隅の小窓はいつからワイプと呼ばれるようになったのか

†ぬぐってないのに、なぜ「ワイプ」？

クルマのフロントガラスについた雨や雪を拭き取る装置をワイパーといいます。クルマを運転するかたにとっては常識です。英語でぬぐい取る、拭き取ることをワイプといいます。ワイプする装置だからワイパー。

では、テレビ番組でレポートやロケの映像を再生中に、その映像をスタジオで見ているタレントの顔が映し出され、リアクションが確認できる画面隅の小窓みたいなものを何といいますか？

日本人なら迷うことなく「ワイプ」と答えるのではないでしょうか。日常的にテレビのバラエティ番組をご覧になってる日本人なら、ほとんどのかたが、このテレビ業界用語をご存じのはず。

でも、ヘンだと思いませんか。なにも拭き取ってない、なにもぬぐってない、画面内にずっと固定されたままでワイプされない小窓を、なぜワイプというのですか？

あれをワイプと呼んでるのは、おそらく日本のテレビ業界だけなので、この用法でのワイプはある種の和製英語です。英米人の映像制作者ならあの技法を「ピクチャー・イン・ピクチャー」か、「スーパーインポーズ」と表現するのではないでしょうか。

†急増したワイプ批判

日本のテレビバラエティ番組ではかなり以前から小窓ワイプを使っていたのですが、これほどまでに頻繁に使われるようになったのは、地上波テレビのデジタル・ハイビジョン化が大きな要因だったと見て間違いないでしょう。

このいわゆる地デジ化は二〇〇三年から始まり、二〇一一年に完全移行が完了しました。これによって画面の比率が16対9の横長になり、画面両端にワイプを入れるスペースが確保できたのと同時に、解像度が上がったことで、ワイプ内の表情やリアクションがよくわかるようになりました。ワイプと地デジのしあわせなマリアージュが実現したのです。

一般視聴者までもが、画面隅に合成されたタレントリアクション確認用小窓をワイプと呼ぶようになったのは、だいたい二〇〇八〜二〇一〇年ごろだったと思われます。

私の専門は文献調査です。根拠は多種多様な文献から探します。まずは『広辞苑』で確認してみましょう。国語辞典は一〇年に一度くらいしか改訂されないので、新しい言葉や新しい語義の採用に関しては、かなり保守的です。一〇年後の次の改定までに、この新語や新しい語義が定着しているだろうか、という予測のもとに新語が採用されます。数年で消えそうな言葉は掲載が見送られます。

その『広辞苑』で「ワイプ」がどう説明されているか。二〇一八年刊の第七版では、画面を拭い去るように切り替える画面転換の技法という説明に加えて、画面内に小窓をはめ込む技法、との説明も併記されてます。

でも二〇〇八年刊の第六版の説明は、拭い去る技法のみで、小窓の説明はありません。つまり第六版が編集されていた二〇〇六、二〇〇七年ごろにはまだ、小窓をワイプと呼ぶ用法は日本語に定着していない、と判定されたのでしょう。


もうひとつ、ワイプ使用が増えたことを示す証拠は、ワイプ批判の急増です。二〇〇八年から二〇一〇年にかけて、雑誌コラムや新聞投書欄で、プロ・アマ双方から、ワイプが不愉快、見苦しいという批判的意見が頻出しています。このころ、ワイプが多用されるようになったからこそ、うんざりする視聴者も増えたと考えられます。

今回の調査で見つけたなかでもっとも早くワイプ批判をしていたのは、『テレビブロス』二〇〇八年四月二六日号の天久聖一さん。「寺門ジモン自答」という連載で――あ、そのコラムに寺門ジモンさんは登場しませんので、念のため。

天久さんは、テレビを見ててワイプにどうしても目がいってしまうのが、人の顔色をうかがってるようで情けない、といいます。どうせなら大河ドラマや皇室アルバムや国会中継にもタレントのワイプを入れたらどうだ、とけっこう辛口の皮肉も。

国会中継のワイプはいいアイデアですね。中継画面の両端に与党と野党の政治家がワイプで登場し、副音声でディスりあえばおもしろそうです。まあ、ＮＨＫでは絶対その企画通らないでしょうけど。

このあと、二〇一〇年くらいにかけて、さまざまな媒体でワイプは批判されてますが、意見の内容はだいたい同じです。不快だ、番組を見る気が失せる、窓からのぞいてるみたいで悪趣味、などなど。なかには、ワイプが憎くてたまらないとまでいう一般人の投書もありました。

『テレビブロス』二〇一一年七月二三日号では、ワイプを嫌う視聴者の声をどう思うか、テレビ局員に質問しています。その担当者の弁では、番組内容に対して出演者が多いことがよくあるので、全員を映すためにはワイプが必要だとのこと。

ん？　じゃあ最初から、出演者減らせばいいんじゃないの？

†テクニックとしてのワイプ

もはや、それがあるのが当然のごとく定着してしまった小窓ワイプですが、いったいいつごろから使われていたのでしょう。

五十代くらいのおじさんに質問したら、こんな答えが返ってくるかもしれません。

「きっとあれだな、芸能人水泳大会で、わちゃわちゃやってる画面の隅っこで、売れてないアイドルがワイプの窓で歌ってたんだよ。あれが最初だったんじゃないの？　司会のおりも政夫で〜す」

おりも政夫で〜す、は当時流行っていたモノマネです。職場のおじさん上司がやっていたら、微笑んでスルーしてあげましょう。それなんですか？　などとうっかり聞いてしまった場合、長い昔ばなしが始まるのを覚悟してください。

ものまねはさておき、私もおじさん世代なので、水泳大会の印象はけっこう強く残ってます。芸能人水泳大会が小窓ワイプの存在と使いかたを一般視聴者に知らしめる上で一定の役割を果たしたのは、たしかでしょう。

先ほどのテレビ局員の意見、出演者が多いから全員映すためにワイプを使うという発想は、案外このあたりから育まれたのかもしれません。

しかし、水泳大会がワイプのルーツではなさそうです。いわゆる芸能人水泳大会が人気コンテンツになったのは一九七〇年代の中頃からでしたが、売れてないアイドルがワイプ窓で歌う演出がはじまったのは八〇年代からだったといわれてます。すでに存在したテクニックを応用しただけのことで、画期的な映像表現だったわけじゃありません。

その同時期、七九年から放送がはじまった日本テレビの『ズームイン!!朝!』でもワイプは多用されていた……記憶があります。映像で確認できず、私の記憶だけが頼りなので確証は持てませんが、毎朝のように見てたのでそれほどヒドい記憶違いはないはずです。『ズームイン!!朝!』では地方局との中継、あるいはスポーツコーナーで中継先を切り替える際に、頻繁にワイプを使ってました。まずは画面隅に小窓で登場し、メイン画面のアナウンサー、徳光さんとのやりとりが少しあったのちに、小窓がビヨヨ〜ンと広がり、画面をぬぐい取るように中継先の映像に切り替わるのです。

あるいは逆だったかもしれません。司会の徳光アナが呼びかけると、徳光さんの画面が縮んで隅に行き、中継先がメイン画面になってた可能性もあります。どうでもいいけど、これ正確にはズームインではなく、ワイプイン、ワイプアウトですよね。

いずれにせよ重要なのは、これこそが本来の「ワイプ」だということ。日本でもむかしは、画面を拭き取るように切り替える映像表現テクニックをワイプといってたのですが、切り替えずに小窓のまま二画面を合成するテクニックが多用されたために、いつしか、切り替えなくてもワイプと呼ぶようになってしまったのです。

本来の意味でのワイプは、映画の技法としてはかなり古典的なものです。一九六一年刊

『シナリオハンドブック』では、黒澤明監督の『生きる』を例にあげて説明しています。作品の序盤で、役所内の窓口をたらいまわしにされるシーンの場面転換にワイプが効果的に使用され、徒労が続いたことを表現しています。

ちなみに『スター・ウォーズ』シリーズも場面転換にワイプを多用する作風で有名です。あれは黒澤明の大ファンを自認してるジョージ・ルーカス監督が意識的に使ったのだといわれてます。

映画撮影のデジタル化が進んだ現在では、編集も画面上でできますが、むかしはフィルムそのものに加工をほどこして、ワイプ効果を実現してました。けっこう手間がかかったんです。

しかしテレビでは、二台のカメラで撮影した映像をリアルタイムで合成・切り替えできる技術が早くから発達したため、ワイプ効果を映画よりも手軽に使用できました。一九五六年刊のテレビ・ラジオ業界人向け解説書『演劇・娯楽番組』でも、小さく現れた新しい画面を画面いっぱいに広げたり、その逆をやるテクニックをワイプという、と解説されてます。日本のテレビ局は戦争のせいでアメリカよりもスタートが遅れたものの、そのおかげで、開局まもない五〇年代から、すでにワイプなどの技術を使える環境が整っていたのでした。

テレビタレント・司会者として人気があった前田武彦は二〇一〇年の朝日新聞インタビューで五〇年代、草創期のテレビの思い出を語ります。

「新しいことをいくらでも試せましたからね。画面の隅から別の画面が拭い取るように広がって切り替わる「ワイプ」という手法もやりました」

二〇一〇年ごろには、合成された小窓をワイプと呼ぶことが一般視聴者のあいだでもかなり定着していましたので、前田は本来の意味でのワイプをわざわざ説明してくれてるのです。

しかし、じつは早くも五〇年代には、ワイプをワイプさせずに画面合成のために使うテクニックのほうも、日本のテレビ界ではかなり使われはじめていたようなのです。

一九五六年七月七日付『読売新聞』。翌日に参院選を控え、テレビ・ラジオ各局が選挙速報に工夫を凝らして視聴者を獲得する様子がレポートされてます。なんと、この記事には大きな文字で「ワイプが初登場」との見出しがついているではありませんか。

日本テレビが初の試みとして、各候補者の顔写真に、刻々変わる得票数を合成する演出を行うことにしたのです。で、その数字などを重ねるのにワイプという技法を使うのだと記事は説明しています。

同じく『読売新聞』の翌五七年九月二一日付夕刊に、テレビ番組製作の舞台裏を取材し、テレビの特殊効果について特集した記事があるのですが、そのなかの一節。

モンタージュ装置を利用して画面の片すみを消し、野球ならそこへ得点、ボールの判定、アウト数、選手名などを入れる「ワイプ効果」は、日本ではもう珍しくなくなったが、本場のアメリカではまだやっていない日本独特のもの。

ワイプを画面合成として使う技法が、日本ではかなり初期の五〇年代からあったこと、そしてその使いかたが日本独自の発想だったことがわかる記述です。

なかでもワイプの画面合成効果を積極的に使っていたのは、広告業界だったようです。五〇年代・六〇年代の野球やボクシングのテレビ中継では、イニングやラウンドの合間にワイプで画面の右半分にCMが表示されることがあったことを、古いテレビCMを研究している高野光平さんが『GALAC』二〇〇九年一〇月号で指摘しています。

高野さんによると、このやりかたのCMはおもに一社提供の番組で流されていたとのこと。ひょっとしたら、七十代以上のご年輩のかたなら、ご覧になった記憶があるかもしれません。ただ、ジャマだという視聴者からのクレームもけっこうあったようなので、次第になくなっていったようです。

六三年五月号の『宣伝会議』には、テレビCMでワイプを効果的に使用するためのアイデアが載ってます。画面中央に缶詰を映し、画面の四隅に家族がおいしそうに食べる絵が小窓で表示されていき、最後に缶詰のアップとナレーションで終わる、というもの。

つまり、このころにはもう、現在のテレビで使われている小窓ワイプのテクニックがほぼ完成の域に達していたといえましょう。

†ワイプナイター騒動記

一九七一年、夏。日本ワイプ史を語る上ではずせない出来事が起こります。

それを高らかに予告した記事が、六月一三日付の『読売新聞』に掲載されてます。およそひと月後の、来る七月一一日の日曜日から、日本テレビがワイプナイターを放送することになったのである、と。

おそらくほとんどの昭和世代にとっても耳慣れない言葉であろう「ワイプナイター」ですが、これを平成・令和の少年少女にお話しするには、さらに予備的な説明が必要になりそうです。

まずは「ナイター」という名称。これはもちろん、夜間に行われるスポーツ、おもにプロ野球の試合を指しますが、近頃はＮＨＫなどを中心に「ナイトゲーム」と呼ぶメディアも出てきました。

ナイターという英単語は辞書には載っているものの、英米ではすでに日常的に使われることがまれになった古い言葉なので、現在の正しい英語であるナイトゲームにしようとの試みなのでしょう。

まあ、小中学生の英語教育にはプラスですが、昭和世代の日本人にとってはナイターのほうが圧倒的になじみ深いので、昭和世代が死に絶えるまでは、日本ではナイターが使い続けられる可能性が高そうです。

昭和には、プロ野球ファンと映画・ドラマファンを分断する大きな論争がありました。論点は、テレビ野球中継の放送時間を延長すべきか否か。

基本的に野球中継枠は七時から九時までで、九時からは映画やドラマなど別番組が放送されます。賛否がわかれたのは、野球の試合が九時までに終わらない場合、放送時間が三〇分延長されるシステムについてです。

むかしは野球人気がいまよりもずっと高く、高視聴率を獲得できたため、野球ファンに配慮してこの措置がとられたわけですが、これに納得できなかったのが、ドラマや映画フアン。

おいおい、こっちは九時から映画やドラマを観るつもりでいるんだよ。野球なんか興味ねえんだよ。映画は二時間以上ある作品でも延長せずにカットして二時間枠に収めてるだろ。なのに、なんで野球は延長するんだよ。野球も二時間でカットしろよ。だいたい、プロ野球はダラダラやりすぎなんだよ。パッパとやって九時までに終わらせろよ。長引いたときはニュースで結果だけ見ればいいじゃねえか。

一九八〇年代後半からは家庭用ビデオデッキの普及が進みましたが、現在のハードディスクレコーダーのように、番組の開始・終了時刻の変更を察知して自動的に修正してくれる機能なんてありません。留守録しておいた映画を再生したら、アタマ三〇分が野球で、映画のラスト三〇分が録画されてない、なんて悲劇が繰り返されたのです。


そこで、まだ家庭用ビデオが普及していなかった時代に、野球ファンとアンチ野球ファン、双方の視聴者に配慮した画期的なシステムとして日テレが導入したのが、ワイプナイターでした。

野球の試合が長引いた場合、九時からは予定どおりドラマを放送するのですが、その画面の左隅九分の一にワイプで小窓を作り、野球中継を流すのです。

日テレはこのテレビ史上初の試みに絶大な自信を持っていたので、『読売新聞』紙上で七月からの放送開始を堂々と予告したのでありました。

ところが珍事が勃発します。実際にこのワイプナイターを最初に放送してワイプ史に名を刻んだのは、フジテレビだったのです。

六月一七日の夜、フジテレビはナイター中継を放送していました。もともとナイターの枠は九時二六分までと決まっていたのですが、その夜は九時から、沖縄返還協定調印式の模様が衛星生中継されることになりました。東京12チャンネル（現・テレビ東京）を除く在京各局は、臨時番組を編成して、日本の歴史にとって重要な転換点となるはずの式典の中継を決定。これをフジテレビだけがやらないわけにはいきません。

ちなみにですが東京12チャンネルは通常通りの編成で、木曜洋画劇場で『トコリの橋』という戦争映画を放送してました。朝鮮戦争が舞台のアメリカ映画なのですが、アメリカへのあてつけ？　という解釈は深読みのしすぎでしょう。衛星生中継ができなかったか、我が道を行く編成方針を貫いたかのどちらかだったのでは。

フジテレビもナイター中継をやればよかったのに、横並びから外れる勇気がなかったのでしょうか。そこでフジテレビは、調印式の中継映像の隅にワイプ小窓をはめ込み、野球中継を放送し続ける苦肉の策に打って出ます。

要するに、日テレが七月から開始するはずだった日本初の試みを、フジがパクッて先にやってしまったのでした。

しかしフジの放送はあきらかに準備不足で、ワイプ内の映像が乱れて人物が欠けるなど、非常に見苦しい出来だったそうです。しかもワイプ窓のサイズが画面の右下四分の一を占めていたので、主画面にかなり被《かぶ》ってしまい、政治と野球のシュールなコラージュが生まれました。

君が代が流れるなか佐藤首相の神妙な表情がアップになった右下ではピッチャーがウォーミングアップをしています。欠席したニクソン大統領の言葉を代読するロジャース国務長官の顔の横にCMと次週の番組予告テロップが流れます。

放送の三日後、二〇日付の読売新聞ラテ欄では、怒り心頭の記者がコラムでフジテレビを叩いてます。君が代が流れ、日米高官が厳粛な表情で起立している画面の端で投手がタマを投げているなんて、あまりにも節度がない。視聴者からも厳粛な式典に不マジメだとの批判が相次いでいる、と。

日刊スポーツの記者だった多賀三郎さんはこの一連の経緯を取材し、『映画撮影』一九七一年九月号に詳しい記事を寄せてます。その記事によると、日テレの広報はフジがうちの秘密を盗んだと憤慨してたとのことですが、いやいや、一か月も前に新聞で予告しちゃったら秘密もなにもないでしょう。同業他社にマネされても不思議じゃありません。日テレ側のはしゃぎすぎが招いた失態ともいえます。

フジテレビはこの騒動に懲りたのか、今後はワイプ方式での放送予定はないと、一度かぎりでの撤退を表明しました。ではその翌月、満を持して始まった、本家・日テレのワイプナイターはどうだったのかといいますと……

非常に評判が悪かったのです。むかしのテレビは解像度が低いから何が映ってるのかよくわからないことも多いし、音声は主画面のドラマのものが流れるので野球は無音。主画面のドラマのほうだって、撮影時には画面の隅がワイプ窓で削られるなんて考えてないのだから、場面によっては役者の顔がワイプで隠れてしまったり。

日テレ側は、前週より視聴率が一・六パーセント上昇したと、ワイプナイターの効果にご満悦でしたが、日本映画監督協会など映像関連の五団体が、ドラマの芸術性を損なうとの理由で、日テレにワイプナイター撤回を正式に要望する事態にまで発展しました。

フジのパクリを批判した読売新聞ラテ欄も、日テレでの放送を観たあとには、キビシい意見を載せてます（七月一四日付）。小さなワイプ窓では選手の表情も背番号もわからない。ドラマもナイターもと二兎を追ったが一兎も得られなかった、と。

野球ファンとドラマファン、双方の視聴者から見づらいとの不満が寄せられます。両者の不満を解消できると狙ったものの、結局どちらも満足させることができませんでした。

このあと、ワイプナイターに関する続報は皆無なので、その後の経緯はわかりません。日テレすらこの件に言及しなくなってますので、おそらくワンシーズンのみ、もしくはシーズン途中で休止され、忘れたい歴史の一ページとなったのでしょう。

七八年に刊行された日本テレビの社史『大衆とともに25年』でも、「ワイプナイター」の試みが各方面の注目を集めた」の一行でサラッと流されてます。ちなみに、フジテレビの社史『タイムテーブルからみたフジテレビ35年史』ではまったく言及されてません。

†手話通訳が定着の立役者

ワイプナイターの初回放送後に、二兎を追ったが一兎をも得られずとコラムで批判した読売新聞記者は、じつは同時に鋭い考察も述べてます。

近頃の視聴者は、テレビを見ながら他の行動をする「ながら視聴」の態度をすっかり身につけてしまった。だからナイターでの使用はともかくとしても、二つ以上の情報を同時に流すワイプ方式は、今後、天気予報や報道番組で活用されるようになるだろう。

この予言は現実のものとなりました。

放送にワイプ窓を活用する日テレのワイプナイターでの試みは、決してムダではなかったのです。それは別のかたちで実を結びます。

当時、日本テレビは毎日午前六時四五分から一五分枠で「朝のニュース」を放送していたのですが、一九七五年一一月一六日から、毎週日曜日だけ、画面隅のワイプ窓で手話通訳を表示する日本初の試みを始めたのです。

放送後には耳の不自由な人やその家族から、感激の電話や手紙が寄せられるなど、反響を呼びました。ワイプの手話通訳付きニュースは、現在でもテレビ各局で放送されてます。つまりこれが小窓ワイプが視聴者から賛同を得た最初の例だったのです。小窓ワイプをテレビ界に定着させた一番の立役者は、じつは手話通訳であり、ここからの応用で、芸能人水泳大会などに使われていったのでした。


一九八一年六月一九日に放送された刑事ドラマ『太陽にほえろ!』には、国際障害者年にちなんだ企画としてワイプによる手話通訳がつきました。

といっても、通常のドラマにあとから手話をつけるのではなく、脚本・撮影段階から手話ワイプを入れることを想定して作られた、特別な作品だったのです。

全編にわたって手話ワイプを入れると、ドラマではさすがに画面がごちゃごちゃしてしまいます。そこで、極力セリフを少なくして、会話はほぼ刑事部屋での刑事たちの会話だ

「手話通訳つきニュース」始まる

手話が画面に入る日本テレビのニュース ▶

耳の不自由な人のために手話通訳を取り入れた新しい試みのニュース番組が、十六日から日本テレビ系の全国ネットで茶の間に流れ始めた。日本では初めての企画で、さっそく耳の不自由な人やそ

日本テレビが毎日午前六時四十五分から十五分間組んでいる「朝のニュース」のうち、毎日毎日のこの時間だけ画面すみに手話通訳をそう入することにしたもので、同テレビ系の福祉関係団体「愛の

図１　手話通訳つきのテレビニュースを報じる新聞
（『読売新聞』1975年11月17日付）

テレビドラマに初の手話通訳

『太陽にほえろ！』ろうあ者向けに特別編

セリフ部分減らして

苦心の脚本、俳優も特訓

芸能

図２　手話通訳つき『太陽にほえろ！』を報じる新聞
（『読売新聞』1981年６月２日付夕刊）

けに絞ることになりました。刑事部屋の会話シーンなら手話ワイプが入ってもそれほど違和感はありませんし、最初からワイプが入ると決まっていれば、監督やカメラマンはそれを想定して画づくりができます。

この回の主役は、耳の不自由な復顔師に設定されました。身元不明の白骨に粘土などで肉付けをして、元の顔を復元する作業をする職業です。

白骨死体の身元が割れることを恐れた暴力団が、水沢アキさん演じる復顔師を脅迫し、わざと違う顔を作らせます。彼女の態度に違和感をおぼえた七曲署《ななまがり》の刑事、ゴリさんが捜査を開始し……といったストーリー。

正味四八分のドラマのうち、セリフがあるのは一〇分程度という、異色の作品に仕上がったそうです。いやあ、ぜひ観てみたいものですが、現状では、『太陽にほえろ！』を観る方法はほぼないんですよね。

逮捕された歌手のレコードが回収された最初の例と、ちょっと長めの後日談

†西洋音楽の検閲と発禁

かつて日本では、音楽のレコードが当局からの発売禁止処分（発禁）を受けて市場から回収された時代がありました。ここでいう当局とは、戦前の内務省と各地の警察の検閲課のことを指します。

出版物が発禁・回収を命じられた理由はおもに「エロ」と「アカ（共産主義思想）」。レコードに関してはほとんどが「エロ」によるものです。歌詞の内容がエロだから。あるいは、一九三六（昭和一一）年発売の靜ときわ「可愛がってネ」のように、歌詞そのものに問題がなくても、歌いかたが挑発的でエロすぎるとみなされただけで発禁処分になった例もありました。

戦時下には事情が変わります。英米の曲が吹き込まれたレコードが歌詞内容の如何にかかわらず、敵国の文化であるとの理由だけで回収されました。

これは一九四三年二月三日号の『写真週報』。

耳の底に、まだ米英のジャズ音楽が響き
網膜にまだ米英的風景を映し

図3　米英レコードをたたき出そう（『写真週報』1943年2月3日号）

身体中から、まだ米英の匂いをぷんぷん
それで米英に勝とうというのか
敵への媚態をやめよ
耳を洗い、目を洗い、心を洗って
まぎれもない日本人として出直すことが
まず先決問題だ

凄まじい煽り文句ですね。この写真記事に加えて、べつのページには、「廃棄すべき敵性レコード一覧表」なんて、これまたおっかないリストまで掲載されてますが、そこに細かい理屈なんてありません。英米の曲は問答無用ですべてダメってだけ。

音楽ジャンルの名称についての歴史的な変遷が、近頃ではかなり忘れられてるようなので、ここでちょっと補足しておきます。

大正末から昭和初期にかけてアメリカのジャズが日本でも（おもに都市部でですが）大流行しました。最近はちんどん屋自体をあまり見かけなくなりましたけど、ちんどん屋に欠かせない楽器といえばクラリネット。これは昭和初期のジャズ流行に影響されて新たに取り入れられ、定番化しました。それ以前のちんどん屋の画像を見ると、クラリネットは使ってないんです。

ジャズが流行したことで、日本ではこれ以降、欧米の大衆流行音楽はすべてひっくるめてジャズと呼ばれるようになりました。この傾向は戦後も続き、昭和三〇年代まではロックやポップスも、ジャズという大ざっぱなくくりの中の一ジャンルとされてました。だから当時はジャズ喫茶で、ブレイク前のロックバンドが生演奏をして日銭を稼いでいたのです。

欧米のロックやポップスがジャズから切り離されて「洋楽」と呼ばれるようになったのは、一九七〇年代以降のこと。

一九六九（昭和四四）年九月二八日号の『朝日ジャーナル』に、「洋楽は〝新しい伝統〟か」という記事があります。このタイトルだけを見たら、おそらく現代のみなさんは、当時人気のあったビートルズやローリング・ストーンズのことを論じてるのかなと予想するでしょう。しかし記事内容はまったく違うものでした。

クラシック音楽のレコードの売上が絶好調で、ベートーヴェン全集、ショパン全集といった高価な個人全集ものも各社から続々発売されている。西洋音楽、洋楽はもはや日本の新たな伝統となろうとしているのだ……。

考えてみれば、洋楽とは西洋音楽の略なのだから、六〇年代の日本でクラシックが洋楽と呼ばれていたとしても不思議ではありません。七〇年代は日本の音楽シーンの大変革期にあたりまして、このころにジャンルが分類し直されたのです。

琴や三味線などの和楽器を使う純邦楽が衰退した一方で、欧米のロックやポップスやフォークのコピーから始めたミュージシャンたちが、それらを消化し、日本独自のロック・ポップスを生み出していきました。その結果、欧米のロック・ポップスを「洋楽」、歌謡曲を含めた日本のロック・ポップスを「邦楽」と分類する、ちょっとややこしい状況が生まれます。この過程でクラシックとジャズは洋楽の枠をはずれ、それぞれ独立した音楽ジャンルとみなされるようになりました。その後、九〇年代にJ-POPという言葉が生まれたことで、日本のロックやポップスが邦楽と呼ばれることは、ほぼなくなりました。

本題からの脱線ばなしが長くなってしまいました。でも歴史を正しく理解するには、基本となる事実をきちんとおさえておくのが不可欠です。そこをさぼって想像や希望や思いこみから考察をはじめると誤解がどんどん積み重なり、事実から逸脱したイビツな歴史認識が生まれてしまうのです。

さて話を元に戻します。戦時下の雑誌記事だけから判断すると、日本の庶民が喜々として英米レコードの回収に応じていたかのような印象を受けますが、当時の新聞・雑誌は国家のプロパガンダに協力する方針に舵を切っていたので、真に受けてはいけません。しかも先ほど取りあげた『写真週報』は、日本の国家に都合のいい情報だけを国民に植えつけるために内閣情報部が発行していた、政府お墨付きのプロパガンダ雑誌です。

実際のところを申しますと、戦前の日本庶民は英米の音楽が大好きでした。戦争で敵国になったからもう聴くなと国に命令されたからといって、すぐに嫌いになれるはずもなく、みんな隠れて聴いてたのです。

それを証言してくれてるのが、歌手・淡谷のり子。彼女の半生記『酒・うた・男　わが放浪の記』や『老いてこそ人生は花』には、戦時下の大衆音楽文化についての貴重な記述がたくさんあります。

淡谷の代表的ヒット曲「別れのブルース」は昭和一二年に発売されたものの、盧溝橋事件が起き、日本と中国が全面衝突に入った時期だったため、宣伝も許されず、日本国内ではほぼ黙殺の扱いでした。

意外なことに、この曲の良さに最初に気づいたのは、満州の兵隊たちでした。日本の本土よりも検閲がゆるかった満州で、この曲の人気に火がつきました。前線の兵隊たちが「別れのブルース」を合唱する様子が本土のラジオで放送されたりして、本土に人気が逆輸入されたかたちでヒット曲になったのでした。

淡谷は中国大陸に何度も慰問に行ってますが、モンペを履けという憲兵の命令を頑なに拒みドレスで歌い続けるなど、かなりの反骨ぶりでした。そのたびに書かされた大量の始末書がぶ厚い束となって軍部に残されていたのを、GHQの担当者が戦後に発見し、淡谷に見せてくれたそうです。

戦時下でも慰問先の兵隊たちは軍歌なんて聴きたがりません。シャンソンやタンゴやブルースなどの洋楽ばかりを熱心にリクエストしてきます。あまりに熱心だったので、あるとき淡谷は罰を受ける覚悟を決めて「別れのブルース」を歌ったところ、兵隊たちはみな感激し、泣いて喜びました。

監視役の将校は居眠りをしてるフリをしてくれて、おとがめはなかったそうです。

†歌手の犯罪で作品回収——最初の事例

戦後は、お上による検閲と強制的な発禁はなくなりました。しかし、歌詞の内容などに問題アリとみなされた場合、あるいは批判の声が上がった場合には、レコード会社が自主的に回収や発売停止を決めることがありました。

有名な例ですと、一九六八年、ザ・フォーク・クルセダーズの「イムジン河」は、北朝鮮の楽曲の著作権を侵害しているとする朝鮮総連からの抗議で発売中止になりました。

一九八八年には、RCサクセションのアルバム『COVERS』の発売を所属レコード会社の東芝EMIが突然拒否しました。その後、別のレコード会社から発売されてます。発売拒否の理由は、原発に反対する歌詞が問題視されたからといわれてます。東芝はグループ企業で原発の開発と販売を手がけてますので、東芝EMIが親会社に忖度したか、親会社からの命令だったか、そのいずれかの線が濃厚なのは誰の目にもあきらかでしたが、東芝EMIからの公式な説明は一切ありませんでした。

変わったところでは一九八五年、コミックソングやパロディソングを得意とする嘉門達夫さんのレコードが、歌詞で他の歌手を誹謗中傷しているとの判断で発売中止になった例があります。

現在でもときおりＣＤが回収されたり、ネット配信が停止されることがありますが、その理由は大きく様変わりしました。楽曲を演奏してる歌手・アーティストが麻薬所持などの犯罪容疑で逮捕されると、当局から命令されたわけでもないのに、レコード会社が自主的にＣＤ回収・配信停止をするのです。

じつに不思議な慣習だと思いませんか。歌手の罪は作品である楽曲にまで及ぶのでしょうか。歌詞で犯罪を勧めているわけでもないのに、歌っているのが犯罪者というだけで、歌が犯罪を助長するのでしょうか。犯罪者がレコードやＣＤの印税を受け取ってはいけないのでしょうか。

どれも法的にはなんの問題もないことばかりなので、すべては倫理的判断です。しかし、その倫理的判断は、著しく合理性に欠けています。合理的な理由もなしに回収・停止することのほうが、むしろ法的に問題があるのでは？

いったい、いつからこういう妙な事例がまかりとおるようになったのでしょうか。

歌手の逮捕によってレコードが回収された最初の例といえるもの――世間にその名が知られてるレベルの歌手が逮捕されたことを理由にレコードが回収されたと、報道資料から確認できた最初の例は、一九七六年に起きました。

逮捕理由は、殺人・死体遺棄です。

理由が理由なので、まず、おことわりしておかねばなりません。その歌手は二〇一三年にお亡くなりになってますが、私は以下の記述で、その歌手の過去の罪を蒸し返して責めるつもりは一切ありません。もちろん罪を擁護する気もありません。当人は罪を認めて実刑判決を受け、服役しています。

ただし、罪状が殺人と死体遺棄なのに検察側の求刑が無期懲役でなく懲役一五年、判決は懲役一〇年と軽いものだったこと、そして結果的にたった七年で仮釈放されたことに対し、刑が軽すぎるのではないかと疑問の声が上がっていたことも、事実としてお伝えしておきます。

楽曲の内容に関係なく、歌手が逮捕されたことを理由にレコードが回収される理不尽な事例がいつから始まったのかという歴史・文化の事実をあきらかにすること。それが本稿の目的です。

仮名やイニシャルにすることも検討しましたが、かなり有名な事件なので過去の報道記事もたくさん残っており、ネットで調べれば簡単にわかるのであまり隠す意味もありません。それに、亡くなる一年前、ご本人が七四歳のときに『実話ナックルズ』の取材を受けて懲役生活について詳しく語っていますので、ご本人も事件のことをタブーにしていなかったと判断し、実名でお伝えすることとします。

映画のような事件の経緯

その歌手の名は克美しげる。「克美茂」と表記を変えていた時期もありますが、その後しげるに戻しています。本書では、記事の引用以外はひらがなのほうで統一します。

おそらくいまとなっては、その名を聞いてピンとくるのは、ご年輩の歌謡曲ファンだけでしょう。テレビアニメ『エイトマン』の主題歌を歌ってた人、といえば、名前は知らなかったけどあの歌手か、と思いあたるかたがもう少し増えるのでは。

「エイトマン」以外にも「さすらい」などのヒット曲があり、紅白歌合戦に一九六四年、六五年と二度も出場していますから、全盛期にはかなり人気のある有名歌手だったのです。

しかしその後ヒットに恵まれなくなると人気も低迷。妻子をおいて家を出て、愛人のヒモ同然の暮らしを続けていた克美に、チャンスがめぐってきます。一九七五年、レコード会社から新曲で本格的にカムバックできることが決まったのです（その際に名前の表記をしげるから茂に変更）。

とくに復帰第二弾のシングル「おもいやり」は楽曲の良さからレコード会社の期待も高く、克美もキャンペーンに全力を注ぐつもりでいました。しかし一九七六年五月初旬、北海道へのキャンペーン巡業へ出発する前の晩、同行するといって聞かない愛人を絞殺してしまったのでした。

死体を隠したり埋めたりする時間がなかったため、克美は死体をクルマのトランクに入れたまま羽田空港の駐車場に停め、飛行機で北海道へ飛んだのでした。

北海道・札幌でのキャンペーンは大成功。本人もレコード会社のスタッフも手応えを感じます。みな大喜びで旭川へと向かう列車の中で、克美は逮捕されました。

羽田空港の駐車場に停めたクルマのトランクから血液がしたたり落ちているのを空港関係者が見つけ通報、死体を発見した警察の捜査によって克美が重要参考人に浮上、逮捕されたのです。この劇的な顚末《てんまつ》が報道されると、映画『太陽がいっぱい』のようだと話題になったほどでした。

なお、この事件の一連の経緯については多くの報道記事を参考にしましたが、なかでも『週刊読売』一九七六年五月二九日号掲載の「愛人殺し克美茂の獄中告白記」と題する独占記事は詳細に報じてます。いかにも本人が語ったかのような文章ですが、克美が直接記者に話したのではなく、捜査当局の取り調べで明かした内容を再構成したものです。なので信憑性はかなり高いものの、細部の描写に関しては脚色されていると思います。

ていうか、このころは警察がマスコミに逮捕者の詳しい取り調べ情報をこんな簡単に記者に漏らしていたというのが、いまではちょっと考えられないくらい鷹揚《おうよう》というか、大ざっぱ。

†回収のつもりが完売

さて、事件の経緯もさることながら、今回のテーマである逮捕された歌手のレコード回収の件でも、独占告白記が載った『週刊読売』の号が報じていますので注目しましょう。ゴシップ的な細かい芸能ニュースを集めたページに、「なぜ克美茂のレコードを回収・廃盤にするのか」と題したコラム記事があります。

所属する東芝EMIは事件発覚翌日、克美のレコードを回収・廃盤にすることを決定したのですが、記者は率直な疑問を呈します。

……だけど、ヒトゴロシの歌はなぜ売ってはいけないんだろ？　聴き手は歌に人倫を教わるわけでも、殺しのテクニックを学ぶわけでもないのだが……

そこでさっそく東芝EMIの宣伝部に取材した記者が、部長代理から引き出した回答がこちら。

殺人という反社会的な行為ですから。会社としては、（世間に）誠意を示す、責任を取る、ということでして。

まあ、なにぶん、初めてのことで……

やはりこれが、逮捕された歌手のレコード回収に踏み切った（たぶん）はじめての例だったようです。世間に誠意を示すだとか、いまでも通用するようなしないような、わかったようでよくわからない理由が述べられてます。

精神科医で評論家のなだいなだは、「企業の防衛反応でしょうね。早く（克美との）関係を消したいのでしょう……なんかヘンと言えばヘンだけど——まあ、大した問題でもありませんナ」と論評。

しかしレコード会社は「おもいやり」のシングルレコードを一枚も回収できませんでした。なぜなら、市中にあった在庫はまたたく間にすべて売り切れたからです。レコードは事件発覚後、皮肉にも爆発的なヒット商品になりました。

『週刊平凡』が六月三日号の記事で、幻となった克美のレコードをめぐる狂騒ぶりを報じています。東京の浅草、新宿、亀戸の老舗レコード店では、事件報道直後に「おもいやり」は売り切れて、店頭でも電話でも、毎日お客さんからの在庫問い合わせが殺到しているとのこと。レコード店主たちが口々に、こんなことならもっと仕入れておけばよかったと悔しがっても、あとの祭り。

そもそも初回出荷分のプレスは一万枚だったとのことですが、当時は町の小さな電器店なども含めるとレコードを販売してる店が全国に七〇〇〇から八〇〇〇店もあったので、大量に在庫していた店はほぼなかったのではないでしょうか。

レコード屋を探し回っても、どこも売り切れ。そうなると余計に聴きたくなってしまうもの。どうしても曲を聴きたい人たちが次に思いついたのが、有線放送へのリクエストでした。

各地の有線放送に、リクエストの電話が相次いでかかってきます。もっとも反響が多かったのは、キャンペーンをしていた北海道でした。北海道の有線放送局では事件発覚後の数日間、「おもいやり」がリクエストランキングの一位になるばかりか、三位までを克美しげるの曲が独占。克美の曲は聴き飽きたと苦情もきました。

でもレコードを購入していて放送できた局は、ある意味ラッキーでした。克美は長らく人気が低迷してた歌手だったことに加え、新曲は発売まもなかったこともあって、「おもいやり」の購入を見送っていた有線局が多かったのです。そのひとつが大阪有線放送。リクエストの電話に、「おもいやり」が局にないので流せない旨を伝えると、だったら克美の曲ならなんでもいいから、かけてくれという人が多かったとか。

担当者の弁。

発売中止になり、ラジオなどで流せない曲でも、お客さんがききたいなら、これを流してきかせるというのがわたしたち有線の使命じゃないでしょうか。

ごもっともな意見です。ラジオは聴取が基本無料ですから、リスナーの希望がすべて通るとはかぎりません。局側の意向やスポンサーの判断が優先されます。でも有線は設置した人がお金を払って聴いてるのだから、客の意向が最大限優先されて当然です。

もちろん客には、犯罪者の歌など流すなという権利もあります。そちらの声が高まったなら、放送を取りやめる判断もありえます。平成・令和のいまだったら、そうした批判の声が多くを占めるのかもしれません。しかしこのときには、聴きたいという声が圧倒的だったのです。

発売元の東芝ＥＭＩにも、売れるものをなぜ出荷しないのか、と全国のレコード店から苦情の電話がかかってきました。『週刊平凡』の記者に直撃取材されたレコード会社の担当者は、こう釈明しています。

殺人とひきかえに克美のレコードの人気が上がったからといって、それを利用して商売しようとはまったく思っておりません。〝売れるものをなぜ廃盤にするか〟という声もあるが、やはりああいう社会的影響のある事件を起こした犯人のレコードをレコード会社が販売するのは、まちがいだと思います。

まあ、それもひとつの正論なのかもしれません。犯罪に便乗して儲けてるなどと叩かれて会社のイメージが低下するリスクを避けるためには、レコードの回収・廃盤はやむを得ないのでしょうか。それはビジネスとしては無難な対応かもしれません。でもアーチストの側からすれば、製作した時点では犯罪と無縁だった作品が、のちの犯罪によって市場から葬り去られるのを無慈悲で不条理な処遇だと感じるのではないでしょうか。

†曲そのものの魅力は?

ところで、この「おもいやり」ですが、事件さえなければ一〇万枚は確実に売れただろうなどといわれ、事件発覚後には、幻の名曲などと高く評価されました。

聴いてみたいと思いませんか? これ、いま聴くことはできないのでしょうか。昭和歌謡のレコードを扱う中古店の在庫をネットで検索すると、状態にもよりますが一〇〇〇円台で入手できるようです。てことは特別レアなレコードってわけでもなく、そこそこの枚数が市場に出回っているのでしょう。

わざわざ買わなくても、じつはYouTubeで聴けます。もちろん誰でも無料で。YouTubeは昭和歌謡の宝庫です。七〇年代くらいまでの日本の歌謡曲は、よほどマイナーなものじゃないかぎり、ほとんどYouTubeにアップされているといっても過言ではない充実ぶり。

これ違法なんじゃないの? と疑ってたのですが、あまりにもたくさんあるので調べてみたら、合法的なやりかたがあるんですね。動画をアップした人が、動画から発生する広告料などを受け取る権利を放棄して、曲の著作権者に渡るように設定してあれば、だいたい許可されるのだそうです。

というわけなので、安心して試聴できます。私は普段、ジャズとクラシックを愛聴してますが、七〇年代昭和歌謡のファンでもあります。とはいえ、そんなに詳しいマニアではないので、「おもいやり」を聴くのははじめてでした。

一聴してまず感じたのは、克美しげるの歌のうまさ。歌手として実力のある人だったことは間違いありません。長らくくすぶっていたにもかかわらず、レコード会社が再デビュー、カムバックを認めたのもうなずけます。

そして肝心の曲のほうですが、なかなかいい曲です。いい曲ではあるのだけど……これが六〇年代に発売されてたなら、それなりの評価を得た可能性はあります。しかし一九七六年の音楽シーンにおいては、すでに古臭さを感じさせる曲だったのではないでしょうか。

事件発覚直後、有線にリクエストが殺到したことで、「おもいやり」は有線大賞を獲っちゃうのでは？　なんて皮肉な下馬評までささやかれましたが、実際にこの年の日本有線大賞を受賞したのは、都はるみさんの「北の宿から」でした。

「北の宿から」は日本歌謡史に残る名曲です。耐える女みたいな歌詞が嫌い、と否定的意見を述べたのは淡谷のり子くらいのもので、一般大衆からは絶大な支持を得て大ヒットになりました。

淡谷の指摘は的外れとはいえません。歌詞の内容は、たしかに恨みがましく泥臭い。しかし意外なほど曲調は垢抜けてます。ニューミュージックやフォークを聴いてた当時の若者でも、つい口ずさんでしまいそうな、不思議な軽やかさがあるんです。

正統派ムード歌謡の古いオヤジ臭をぷんぷん放つ「おもいやり」は、時代の波に完全に乗り遅れてました。仮に事件がなかったとしたら、どうだったのでしょう。克美の歌唱力をもってしても、大ヒットとまでは行かなかっただろうと私は考えます。現に、克美のレコードが廃盤になったことで急遽、黒木憲がこの曲を吹き込んで発売しましたが、それも地味なヒットで終わってます。いまではこの曲を知る人がほとんどいないということも、曲そのものが持つ魅力の限界を示しています。

†進展しない議論

ということで、歌手が逮捕されたことを理由にレコードやCDが回収されるようになったのはいつからだったのか、という疑問にひとつの答えが出せました。

もしかしたら、これ以前にも歌手逮捕によるレコード回収はあったのかもしれません。だとしても、まったく報道されてないということは、極めてマイナーな歌手だったことになります。それは社会に何の影響も及ぼさなかったのだから、歴史的な意味は非常に薄いのです。

「おもいやり」の七年前、一九六九年に回収されかかった事例がありました。当時人気歌手だった荒木一郎さんが強制わいせつ容疑で逮捕されました（その後、釈放され不起訴に）。荒木さんはケジメのために自らレコード会社に専属契約の解約を申し出て了承されたのですが、そのことが公になった途端、荒木のレコードが廃盤になるとのウワサが広まり、レコード店で彼のレコードを買い求める人が増えたのでした。

しかしこのときのレコード会社・ビクターは、専属契約の解除後もレコードを廃盤にはしないと明言していました。レコード店に対して、引き上げてほしければ回収しますと打診したのですが、ほとんどの店は販売継続を望んだとのこと。回収どころか、販売店からのオーダーを受けて数千枚の追加プレスをしています。

「おもいやり」の回収・廃盤をめぐっては、その是非が世間やマスコミでたくさん議論されました。それはとても意義があることだったと思います。有線放送局やレコード店は、事件と曲は無関係であるから、放送や販売をすることに問題はないはずだと主張しました。作品の価値と作者・演者の人格は別物であるとする立場を取っていたのです。

なぜ殺人犯のレコードを回収・廃盤にする必要があるのだろうと問いかける『週刊読売』の記者もこちらの考えを支持してます。

一方でレコード会社は、作品と演者の人格は不可分の関係にあると考えたようです。その指針にもとづき、レコード回収と廃盤の決定を下しました。ただし回収はできず、市場在庫がすべて買われてしまいました。そのおかげで、一部がいまだに中古として流通してるわけです。

†加害者も被害者も叩く大衆

「おもいやり」事件から四〇年以上たった現在でも、レコード会社は歌手や作曲家が逮捕されるとCDを回収する事なかれ主義の対応を続けてます。その方針は音楽配信の会社にも引き継がれ、楽曲の配信も停止されます。

それがかえって希少性を煽る結果になるのも、「おもいやり」の頃から変わってません。聴けないとなると余計に聴きたくなるのが、人間のあまのじゃくな性《さが》というもの。克美の事件発覚後に「おもいやり」のレコードを買い求める人がレコード店に殺到したように、現在でも覚醒剤などの犯罪がらみで販売・配信が停止されたCDを探し求める人が一定数現れます。その需要を見込んで、ネットでは中古に高値がつくのです。

回収の是非をめぐっても同じ議論が繰り返されますが、いまだにそこから一歩も進展しないことには、若干の歯がゆさも感じます。

ここで話を締めくくってもいいのですが、この件を調べていくうちに、もうひとつ見過ごせない問題が存在することに気づきました。有名人が起こした犯罪事件の報道のありかたについてです。克美しげるの事件とその報道は、このテーマを考える上で恰好の教材になるので、興味関心のあるかたは、いましばらくおつきあいのほどを。

有名人は無名の一般人よりも社会的影響力が強いのだから、キビシく断罪されても仕方がないとする見かたもあります。しかし克美の場合、収監されて七年後に仮釈放されたときにも、待ってましたとばかりに押し寄せたマスコミから執拗な取材攻勢を受けてます。こうした私刑《リンチ》じみた報道も、有名人が相手なら許されるのでしょうか。

その一方で、有名人だから追及が甘くなる傾向があったことも否めません。事件直後の報道は、有名歌手が起こした猟奇的な殺人事件の子細ないきさつを報じた記事ばかりでした。しかしほどなくして、週刊誌を中心としたメディアでは、ある論調が暗に示唆されるようになります。

「殺した克美も悪いけど、殺された女のほうにも原因があったんじゃないの?」

世間とマスコミの目は、犯罪者のレコードを回収することの是非よりも、愛人殺しというセンセーショナルな犯罪のほうに圧倒的に向いていました。まあ、そうなるでしょうね。

いつの時代も猟奇事件は庶民の大好物。以前私は著書『歴史の「普通」ってなんですか？』で昭和八年に起きた「目黒もらい子殺し事件」を例にあげました。犯人立ち会いのもと、代官山の西郷山公園に埋められた二〇体以上の赤ん坊の遺体を警察が掘り起こす作業を行うと、その様子を生で見ようとするヤジウマが押しかけて、さらにヤジウマ目当てにおでん屋の屋台までやってきたんです。これはちゃんと新聞に写真付きで報道されてる事実です。不謹慎とエンターテインメントは紙一重であることがよくわかります。

不謹慎とはやや異なりますが、一九七〇年代は、いまよりずっと男尊女卑の風潮が強かった時代です。男女の愛憎が絡む殺人事件に関心が集まれば、殺された女のほうに原因があったはずだ、と決めつける無責任な論調が出るのは想像に難くありません。

ではは克美の事件の場合、被害者女性に原因があったのでしょうか。殺されても仕方がないほどの落ち度があったのでしょうか。

克美は妻子がいたにもかかわらず家を出て、愛人のヒモ同然の暮らしを何年も続けてました。自分の歌手としての収入はほとんどないのに、ギャンブルにはまっていたという証言も多数あります。ギャンブルの資金と、六本木の小ぎれいなマンションに住めるほどの生活水準を保つための生活費、そのほとんどすべてを愛人女性に頼ってました。そのため、愛人は高給を稼げる性風俗店で働いていたのです。

晩年の克美と親しかった石橋春海さんは、『週刊朝日』に書いた追悼記事（二〇一三年一〇月一八日号）で、克美は恐ろしく見栄っ張りな人だったと思い出を語ります。二〇〇八年に群馬県内で行われたチャリティコンサートに協力した石橋さんは、極力費用を抑える方法を提案しました。チケットや当日配布するパンフレットは石橋さんの奥さんがパソコンで作ればタダでできるといったのに克美は耳を貸さず、印刷所に発注して見た目のいいものを作ったそうです。そのくせコンサート終了後に印刷代金を払う段階になると、十数万円の代金が高いと支払いを渋りはじめます。一事が万事、こんな調子だったそうです。

人間の基本的な性質・性格はなかなか変わるもんじゃありません。おそらく若いころからそういう見栄っ張りな気質があったと考えられます。

克美は愛人を脅して働かせていたわけではなさそうです。愛人のほうが克美にべた惚れで、自ら望んで稼いで貢いでいたようなので、その点では克美だけを責めることはできません。

しかし、愛人の世話になってることに気後《きおく》れしていたなら、質素な生活でかまわない、ムリして風俗なんかで働くなと諭すこともできたはずです。でも克美にそんな度量はなかったようです。一度スターとしての優雅な生活を味わってしまった彼は元には戻れず、愛人が提供してくれるいい生活に安住する道を選びました。ずっと甘えていたと、本人が事件後に反省の弁を述べてます。

そこまで尽くしたのだから、愛人女性が克美に対し、奥さんと離婚して自分と結婚してくれと強く迫るようになったとしてもムリはありません。でも再デビューのジャマだと考えた克美は、殺人というあるまじき選択をしてしまいました。どうひいき目に見ても、悪いのは克美のほうでしょう。克美本人も裁判では全面的に罪を認め、争う姿勢を見せなかったので、裁判は異例ともいえる早さで結審したのです。

それでもやはり、被害者女性を貶めて、克美を擁護する論調はありました。その一例を紹介しましょう。

七六年五月二九日号掲載の『週刊ポスト』の記事タイトルは「克美茂事件にみる〝女の執念・愛欲闘争〟考」。タイトルだけでも想像がつきますが、記事内容も予想通り。克美の「いいひと」ぶりを強調すると同時に、被害者である愛人を、異常な執着ぶりで克美にまとわりつく悪女であるかのように描こうとする記者の偏った筆致には不快感をおぼえます。

妻子が住むマンション住人から聞き出した、克美はいつもあいさつをする感じのいい人だった、近所の出水事故のときは溝《どぶ》掃除などの片付けを率先してやっていた、なんて情報は疑うことなく美談として紹介します。

事件の約一年前、克美が妻子とともにフジテレビの歌番組に出演していたという驚くべき事実を紹介するも、克美をまったく責めません。

これ、私のほうから補足しておきますと、正しくは一九七五年六月一五日放送の『オールスター家族対抗歌合戦』です。五十代以上の人なら一度は見たことがあるのではないかというくらいの超人気番組。司会の萩本欽一さんや審査員のみなさんの軽妙であたたかいやりとりや、ダン池田が叩くティンパニからはじまるオープニングテーマ曲(「ドレミの歌」)を懐かしく思い出すかたも多いことでしょう。

そんなアットホームな番組に、妻子と別居状態で愛人と暮らしてる克美しげるが出演し家庭円満をアピールするなんて、悪趣味な冗談にしか思えません。なのに記事は、「再起をかけた久久のテレビ出演の魅力にはかえがたかったのだろう」と克美に同情を示すだけ。

その一方で、愛人が勤めていた風俗店の店長が語った、なにが礼儀正しい男ですか、あいつは愛人を性風俗で働かせて平気でいる男ですよ、という皮肉を込めた正論に対して記者は、「この人は、克美茂のなかに男のエゴイズムをみて憤るのだが問題なのは彼女である」とわざわざ自分の論評を挟むのです。

じゃあその彼女の問題とは何なのかと読み進めると、克美と後援者と愛人で会食したときに、愛人が嬉しそうに飲食代を支払っていたことだとしています。は？　なんか論旨が意味不明ですけども、女が甘やかしたから克美がダメになったのだと愛人を責める論法に持ち込みたかったのでしょうか。

愛人女性に関しては、若いときから何度も結婚離婚を繰り返していたとか、ヒステリックに克美の妻に離婚を迫っていただとか、克美のこどもを妊娠しようと必死だったなどというネガティブな情報ばかりを並べてます。

でも、それらすべての情報を加味したところで、殺されても仕方がなかった、とまではならないんですよ。

最初にいったとおり、私は克美しげるの罪を蒸し返して責めるつもりはありません。彼は刑事裁判を受け、服役してますから。刑事罰とはべつに、被害者の両親から民事訴訟も起こされていて、克美には五〇〇〇万円の損害賠償を支払えとの判決が下ってます。罰が軽いとの批判もあったものの、とにかく罪を償ったのは事実です。

私がスポットを当てたいのは、周囲のイビツな反応のほうなのです。加害者や被害者を無責任に叩きまくる大衆の罪、報道の罪は批判もされず裁かれもせず反省もなく、あいまいなまま忘れ去られます。これまた、数十年が経った現在でも、同じような図式が性懲りもなく繰り返されている――いやむしろ当時は存在しなかったネットという表現手段が登場したことで、大衆が無責任な批判を書きやすくなったし、デマが拡散するスピードも速くなりました。

†なぜ女性が悪者に?

この記事中には、囲み記事のような扱いで、「有名人が体験的証言　オレが克美茂だったら」という小記事も掲載されてます。当時プレイボーイとして名を馳せていた俳優やタレントに、克美しげると愛人との関係性について意見を聞いてます。こちらもさまざまな見かたがあって非常に興味深い。

小松方正は、愛人と深い関係になるのは危険だといいます。「ボクの場合は（愛人とは）三回以上はセックスしないようにしていた……女のマンションで同棲まがいなど言語道断ですよ」

大泉滉の意見。「（愛人に対して）お父さまのつもりで時間をかけてじっくりと説得すればよかったんです。ボクに一言相談してくれればねェ……」

葉山良二の意見。「（女と別れたいと相談にくる者には）卑怯かもしれないが金で解決したらと教えている」

藤田敏八は、あいまいな態度がよくなかったとします。女を殴りつけてでも、巡業には一人で行くときっぱり理解させるべきだったと、かなりマッチョなアドバイス。

　このメンバーのなかで二〇二二年現在もただひとり存命中の中尾彬さんは、藤田と真逆の意見で、愛人の肩を持ちます。克美は愛人を北海道のキャンペーン巡業に連れて行けばよかったのだと。「奥さんも愛人もかわいそうというんでは欲ばりだ。どちらか一方を捨てなければならないんだからね。……愛人がいなければスターでいれると思うのは発想が低次元すぎるよ」

　芸能人のなかには、意見を述べるだけでなく、克美の減刑嘆願運動をはじめようとする者もいました。克美とは何度か仕事をしたという程度で、深いつきあいはなかった玉川良一が、村田英雄らとともに克美の減刑嘆願運動をするつもりだとテレビのワイドショーで語っています。

　村田は克美をかばう理由を、新人時代から礼儀をつくす男だったからといってます。この事件の報道では、克美が礼儀正しい人だったという証言がやたらと出てくるのですが、礼儀正しい人間なら人を殺しても減刑されるなんて理屈が通るわけがないし、なにより被害者遺族にとってはそんな理由で減刑されたら、たまったもんじゃないと思いますけどね。

　もちろん芸能界にも、減刑嘆願運動への反対意見はありました。清川虹子、コロムビア・トップ、伴淳三郎、山城新伍らが、罪の重さを考えたら減刑などありえない、減刑嘆願運動をやる芸能人には常識がない、などと批判する意見を述べてます。

一九七六年一〇月号の『食品商業』。芸能記事とは無縁の業界誌に、女性と社会の問題についての発言も多かった文芸評論家の長塚杏子が、的を射た小論を寄せてます。

長塚は克美に対する減刑嘆願などの擁護論に違和感をおぼえ、それが二つの立場から出ているようだと分析しました。ひとつには、克美と同じ男性の立場からの同情論。これはいま私が説明したような雑誌記事や減刑嘆願運動のことですね。

そしてもうひとつが、中年以上の主婦層からの、被害女性に対する反感であるとしています。

なるほど、一理あると思います。有名人の不倫・不貞行為が発覚した場合、一部の女性は男性でなく、なぜか女性のほうだけを徹底的に批判する傾向があるからです。

最近でも二〇一六年に、既婚の男性ミュージシャンと独身女性タレントの不倫がスクープされた例があります。普通に考えれば、法的にも倫理的にも、既婚者でありながら浮気した男のほうが罪が重いと考えて当然と思うのですが、なぜか女性タレントのほうが、その後何年間もネットなどで女性たちから執拗に叩かれ続けました。

以前は、彼女の姿をテレビで見ない日はないってくらいの人気者だったのに、いまではほとんど目にしません。でも男性ミュージシャンのほうは、たまに地上波の音楽番組に出演しています。

この傾向はむかしからあまり変わってません。克美の事件後、『女性自身』が過去に夫に浮気された経験のある人妻たちと、ホステスたちを集めた座談会をやって、それぞれに克美事件の感想を聞いてますが、加害者、被害者、どっちもどっちだとか、被害者女性の行動を批判する意見が多く、殺された女性を強く擁護する意見はほとんどありません。

妻子ある男性が離婚して独身女性と再婚すると、近年の日本ではなぜかそれに「略奪婚」とレッテルを貼り、女性を一方的に悪者に仕立て上げる謎の風習がありますが、こちらはまた項を改めて検証することにします。

†恥知らずの取材陣

通常なら、逮捕・服役によって事件は風化し、忘れられてしまうものです。しかし克美の場合は違いました。

殺人・死体遺棄なのに一〇年という短い刑期、さらに模範囚だったことで七年で仮釈放されたのですが、この刑期の短さが逆にアダとなってしまったのかもしれません。マスコミは彼の罪を忘れていなかったのです。

一九八二年に、克美の仮釈放が決まったようだとの情報が流れると、マスコミ各社が動き始めます。そして一九八三年一〇月に克美が仮出所すると、待ちかまえていた芸能マスコミが食らいついていきます。

殺人という重い罪はショッキングだったし、芸能人としては致命的なスキャンダルだったのは間違いないとしても、七年前の逮捕時に、克美や家族、被害者の家族関係まで根掘り葉掘り調べてさんざん報道したではないですか。いまならプライバシーの侵害だと批判されかねないようなことまで暴露してたのに、芸能マスコミがそれでもまだ満足してなかったというのは、ちょっと理解しがたい。

出所後まもない一一月五日、岡山県内のホテルで、克美と被害者遺族（父親と妹）が並んで公開記者会見をするという前代未聞の事態になりました。

この件を報じた記事には憶測が多く混じっているのですが、総合するとおおまかな裏事情が見えてきます。どうやら某テレビ局が克美と遺族の対面を独占取材しようとセッティングしていたのですが、その抜け駆けが察知され、他社の取材陣が押しかけたため、仕方なく公開記者会見に切り替えた、というのが真相に近いと思われます。

会見では、頭を下げて許しを乞う克美に対し、遺族側は「真実をいわないかぎり、娘を奪われた怒りは消えない」と涙ながらに非難します。裁判では計画的犯行だったかどうかの論点があいまいにされたままだったことに遺族は不満を募らせていたのです。

こんな記者会見自体、悪趣味との誹《そし》りはまぬがれませんけど、まあでも、殺人被害者の遺族が加害者に多少厳しい言葉を投げつけても、そこまでは許容範囲とみなされるんじゃないですか。

世間をざわつかせたのは、列席した記者やレポーターたちの心ない言葉の数々でした。

「お父さん！　あなたの横の男は、その手で娘さんの首を絞めたんですよ！」

「〔克美に向けて〕きみは殺人を犯すほどの度胸がありながら、自分の命を絶つくらいの勇気はないのか」

しまいには被害者の父親が、彼は償いをして帰ってきたんだから……とマスコミをなだめていたというのだから、誰が善で誰が悪なのか、もうむちゃくちゃです。

この模様がテレビのワイドショーなどで放送されたんです。いまとなっては考えられません。ベテランのお笑い芸人たちが、むかしのテレビのバラエティはむちゃくちゃだったと懐かしんでますけども、倫理観や道徳観が欠落してたのはむかしの報道も一緒です。

放送後には新聞の読者投書欄に「あんなのは一種のリンチじゃないか」という投稿がありましたし、雑誌にも「狂乱テレビ」「人民裁判」などと批判する記事やコラムが散見されます。

芸能記者の本多圭さんは『創』一九八四年一月号でこの件を取りあげ、今回ほど世間にレポーターが無能で恥知らずであることを証明したことはなかったと呆れます。

ジャーナリストの亀井淳も『第三文明』八四年一月号でスキャンダル商法が社会に毒薬のように浸透していることを懸念すると同時に、克美はこの会見に乗るべきではなかったともいいます。遺族への謝罪は自分と遺族だけの場でやるのが当然なのに、マスコミから要望されると断れずに合わせてしまう克美の弱さも問題なのだとしています。


このあと克美しげるが表舞台に現れることは、ほぼなくなり、取材攻勢もやみました。それはマスコミが行きすぎた取材合戦を反省したからなのか、それとも克美に飽きただけだったのかは、いまとなっては不明です。

あなたの知らない
略奪婚の実態

†誰から奪うの？　略奪婚

現代の日本人が「略奪婚」と聞いて連想するイメージは、おそらくほぼ共通だと思います。女性――とりわけ女性芸能人や女性タレントが、既婚男性と不倫関係になった末に、その男性を前妻から奪って結婚してしまう事例。

そのイメージからは、略奪するのは不倫関係を持った女性、略奪されるのは前妻、男性は略奪の対象物という関係性が成り立ちます。

要するに略奪した女が加害者、奪われた前妻が被害者とみなされるから、世間では略奪婚のイメージがとても悪いわけです。夫を奪われた被害者である前妻への同情心が燃料となり、夫を奪った性悪女をボロクソ叩く人がネットなどに続出します。叩いてるのはほとんどが、当事者とまったく無関係の他人です。

もうひとつ不思議なのは、男性はあまり叩かれないこと。おかしいですよね。不倫関係を罪と見なすのであれば、男性にも女性と同等の罪があるはずなのに、なぜか女性だけが悪者にされ、執拗《しつよう》に叩かれ、ネットで火あぶりにされ、芸能人の場合、長期間テレビに出られなくなります。

雑誌『SOPHIA』一九八五年七月号に掲載された黒柳朝のコラム――黒柳徹子さんのお母さまで、朝ドラ『チョッちゃん』のモデルになったかたですけど、そのコラムには衝撃の告白があります。「私の結婚は略奪結婚でした」。

ええーっ！　そんなことをいわれたらコラムを読まずにはいられません。文中に明記されてないのですが、たぶん一九三〇年前後のことだと思われます。音楽学校で声楽を学ぶ学生だった朝は、あるときオペラの舞台でコーラスガールのアルバイトをしました。そのときにバイオリンを演奏していたのが黒柳守綱。公演期間中に守綱は朝のことが気になっていたようです。千秋楽の幕が下りたあとに朝はお茶に誘われます。一緒にカフェでお茶を飲んでいると今度は、僕の部屋に行ってみない？　と誘われます。それも断らずについていって部屋で話していると、いつのまにか終電の時間を過ぎてしまいました。それで仕方なく部屋に泊まることになり、そのまま同棲、結婚にまで至ったそうです。

大胆ですねー、朝さんったらもう！　あれ、いやでも待てよ？　それが略奪結婚？

そうなんです。朝は間違ってません。現代のみなさんが思い浮かべる略奪婚、略奪結婚のイメージと、戦前生まれの朝がイメージした略奪結婚は、まったく異なるのです。もともと日本で略奪婚といえば、男性が女性を親元から強引に略奪する行為を指してました。不倫とはまったく無関係。

ちなみに、黒柳夫妻が知り合ったのはベートーヴェンの交響曲コンサートとする説もあるのですが、このコラムではご本人がオペラと書いてますので、記憶違いかもしれませんが、そちらを採用しておきます。

†不倫ではない

略奪婚は掠奪婚、誘拐婚などともいわれ、戦前まで日本各地にあった風習です。民俗学の研究対象にもなってまして、地方ごとにさまざまな呼び名があったそうですが、やりかたはだいたい同じです。実家暮らしの独身女性に目をつけて結婚したいと思った男性が仲間と結託し、深夜に女性の家に押し入って拉致し、結婚を迫るというもの。

これはあまりにも女性の人権を無視した野蛮な風習なので、戦後は犯罪行為とされ、ほぼすべての地域で消滅しました。

しかしなかには、この風習をカン違いしておぼえてる者もいました。一九五〇年代の鹿児島で、好きになった女性を強姦して既成事実を作ってしまえば結婚できると考えた男がそれを実行し、逮捕されました。男はこれはむかしからの土地の風習だと主張しましたがそんな風習はないと却下され、実刑判決をくらってます。

風習はなくなったものの、戦後もずっと、略奪婚、略奪結婚の言葉だけは生き続けます。

女性の親に反対されたので駆け落ちして結婚した場合、あるいは男性が押しの一手で強引に女性を口説いて結婚したケースの照れ隠しに、略奪結婚をしちゃったよ、みたいにいうことがありました。

一九六五年、歌手の荒木一郎さんが女優の榊ひろみさんと結婚した際には、結婚前に榊さんがテレビの仕事に穴を開けて失踪したかのような報道が流れたため、荒木さんが強引に略奪結婚をしたなどと騒がれました。

のちに荒木さんがインタビューで語ったところによると、当時榊さんが所属してたプロダクションが、稼ぎ頭だった榊さんの結婚を妨害するために、荒木さんが榊さんを略奪したなどと怪情報を流していたのだとか。

事情はどうあれ、重要なのは両者とも独身だったという事実。つまりこれは不倫・略奪とは無縁のごく普通の結婚、もしくは駆け落ちだったのです。

一九六六年二月五日号の『週刊女性』で目をひくのは、「シェーは略奪結婚されちゃったんダーヨ」なる意味不明なタイトルの記事。

これ、シェーというギャグで一世を風靡した漫画家・赤塚不二夫が藤子不二雄両氏と対談した記事なんです。司会は林家三平（初代）。

赤塚が妻とのなれそめを語ります。漫画制作のアシスタントとして雇った女性と仕事をしてるうちにいつしか恋仲になりました。ある日赤塚は、彼女の実家に突然連れて行かれます。そこにいた母親は、「一〇月二四日はたいへん良い日です」と強引に二人の結婚式の日取りを決めてしまったのだとか。

それを聞いた林家三平が「花嫁に略奪されちゃったんですヨネ」とイジったんです。それが記事タイトルになっただけで、これも不倫とは関係ありません。

一九七三年には相撲の黒姫山が、親方の娘と結婚したときのインタビューで「わし、この人を略奪したんス」と照れ隠しにおちゃらけてます。でも二人とも独身で相思相愛だったわけだし、これは親方の大事な娘に手をつけちゃいました、という意味で略奪婚といってるのです。

一九七七年にはミュージシャンのなぎら健壱さんが、「掠奪女房を紹介します」とこれまたふざけてるのですが、彼女にひとめぼれしたなぎらさんが押しまくってつきあいはじめ、四年間同棲したのちに結婚したという話なので、もちろん不倫要素はありません。

マイク眞木さんが一般女性と再婚したのは一九七八年。『週刊女性』はこれも「掠奪結婚」と報じてますが、眞木さんが離婚したのは三年前だったし、相手の女性にも離婚歴があるものの、すでに三年前には離婚してましたので、お二人は不倫関係ではありませんでした。

じゃあ記事は、眞木さんがお相手の女性を誰から掠奪したといってるのでしょう？　それは、花嫁の父親からなんです。

記事は女性の父親が娘の再婚に猛反対していることを取材しているのですが、その父親は、掠奪結婚で娘を奪われたかのように眞木さんを憎んでいる、と書いてます。

これらの事例をまとめますと、一九七〇年代までの略奪結婚とは、男性が女性の親（とくに父親）から娘を奪うイメージだったのです。戦前の風習だった略奪婚は戦後なくなって、この時代の若者たちはすでにむかしの略奪婚を知らないはずなのですが、女性を実家から略奪するというイメージと言葉だけが不思議と生き続けていたのです。

赤塚不二夫のケースでは、本来なら略奪婚は男が女を奪うものであるという常識があったから、逆に女性の側に略奪されちゃったというギャグが成立しているのです。

†変化する「略奪」

では、女性が男性の妻から男性を奪って結婚するという現在の意味に変化したのはいつごろだったのでしょうか。まずは、未確認情報を二件。

女優の八千草薫さんと映画監督・谷口千吉の交際が発覚したとき、谷口には家庭があったので略奪愛と騒がれたとする説があります（二人は一九五七年に結婚）。本当に略奪といわれたのなら元祖と認定してもいい事例ですが、略奪と報じている記事がみつかりません。なのでこれはあくまで未確認情報です。

それにしても、八千草さんといえば上品なおばさま、おばあさまのイメージをお持ちのかたが多いと思うので、ちょっと意外な過去ですよね。

一九六四年に女優の白川由美と俳優の二谷英明が結婚しましたが、二人がつきあいはじめたとき、二谷には妻子がいたので、これは現代の略奪婚の定義に当てはまる事例です。しかし当時の芸能記事に目を通しても白川が略奪したと報じているものは見当たりませんし、白川のことを悪く書いている記事もありません。このケースは事情が複雑だったせいもあるのかも。二谷が妻子と暮らしたのは長崎放送に勤務していた二年ほどのことで、俳優を目指すために妻子をおいて上京してしまいます。そのときすでにべつの女性とつきあっていたようなのです。その女性と別れてから白川由美と交際を始めたという、二谷のプレイボーイぶりがかなり強烈だったため、女性側が略奪したというようなイメージにならなかったのでしょう。

一九八六年に、娘の二谷友里恵さんが郷ひろみさんと婚約した際の心境を聞かれた二谷英明は、娘が嫁に行くのは平気だ、自分だってよその娘をかっぱらってきたんだから、と答えてます。
この記事に『週刊大衆』は「ボクも略奪婚、友里恵を盗られたからって泣きゃしないよ」とタイトルをつけてます。二谷のほうが、自分が略奪したといってるんです。つまり二谷の世代までは、男が女を略奪するものだ、という常識がまだまだ強かったのです。

証拠があるなかでもっとも古い例は一九七〇年、女優の川口小枝と映画カメラマン・高田昭の結婚を報じたものです。『週刊ポスト』（一九七〇年一二月一一日号）が「〝陽気な聖女〟川口小枝の略奪結婚」と銘打った記事を掲載。川口が妻子ある高田と恋に落ち、高田が前妻と離婚して再婚したので、このケースは間違いなく、平成・令和の芸能ゴシップ好き日本人が略奪婚とみなすための要件を満たしています。

でも記事を読み進めると、この結婚自体がかなり特殊な事例であることにとまどってしまいました。

記事掲載の時点では二人は婚約中でまだ籍は入れておらず、小枝は実家暮らし。しかし、すでに高田が五歳の息子とともに川口家に転がり込んで同居中であるとのこと。まあ、いまでいうところのマスオさんのような感じでしょうか。

しかし、いまだ二人は性交渉をしておらず、結婚まで処女でいるつもりだと、あっけらかんと語る小枝。彼女の両親は映画監督と舞踊家でそれぞれ有名なかたですが、性にオープンで、常識にとらわれない考えかた、生きかたを実践してた人たちだったようなのです。母親は、二人の新婚旅行には家族全員で同行するつもりだ、などといってますし。

その影響か、小枝もセキララになんでも話します。

「(高田の)奥さんに対してすまないなんて感情はちっともないの」

「(高田)一人で終わるのか、ママみたいに何人かの男性と愛の遍歴をかさねるのか、あたしにだってわかんないわ」

こんな正直にぶっちゃけたら、いまならネット上に相当高い火柱があがりそうです。

このあと、一九七四年に妻子あるレーサー・高原敬武さんとモデルの松尾ジーナさんの結婚が略奪婚と報じられてます。取材された元妻がかなりの恨みごとをいってますので、現代の略奪婚=悪のイメージにぴったり当てはまります。

しかし、女性が略奪婚をしたと報じられた記事はこの二件以外には見当たりません。

まとめますと、七〇年代には女性が既婚男性を奪う略奪婚の事例がいくつか確認できるものの、男性が女性の両親から奪うケースを略奪婚と見なす人が圧倒的に多かったということになります。

変化の兆しが見えたのは、一九八〇年代末。八八年頃から、独身女性芸能人と妻帯者の不倫関係が発覚すると、「略奪愛」と報じられるケースが増え始めます。

おそらくこれには、八三年から八五年にかけて放送されて高視聴率を叩き出した不倫ドラマ『金曜日の妻たちへ』の影響が少なからずあったはずです。

とはいうものの、不倫という言葉自体はむかしからありまして、明治末期くらいから普通に使われてます。一九五七（昭和三二）年に三島由紀夫の不倫小説『美徳のよろめき』がベストセラーになったことで「よろめき」が不倫を意味する流行語となりますが、短命に終わり、その後も「不倫」がスタンダードの座を維持してきました。

独身男性が独身女性を実家から奪うという本来の略奪婚イメージがほぼ忘れられて死語になりかけたところに、不倫ドラマのブームによって女が他人の夫を奪う背徳のイメージが「略奪」と呼ぶにふさわしく思えるようになった結果、新たな語義に取って代わられたと考えられます。

八〇年代末に「略奪愛」とスクープされたカップルが九〇年代初頭に結婚すると、「略奪結婚」「略奪婚」と呼ばれるようになったのも、自然な流れだったといえるでしょう。

その最初の例は、一九九〇年に不倫愛からの略奪結婚と報じられた、キャスターの安藤優子さんでした。九三年ごろからは、独身女性芸能人（有名人）が妻帯者との不倫の末に結婚すると、問答無用で「略奪婚」の見出しをつけられて記事にされるようになりました。

ただまあ、略奪婚のレッテルを一方的に貼ってるのは雑誌メディアなので、ご本人が否定してることも多々あります。つきあい始めたときには相手の男性と奥さんはすでに別居状態だった、あるいは夫婦仲が冷え切っていた、だから奪ったという表現は心外だ、みたいな感じで。

誤報もけっこうあります。たとえば九〇年代の雑誌に、吉永小百合さんの結婚を略奪婚としてる記事がありましたけど、ダンナさんはそれ以前に離婚していたはずなので、略奪婚ではないでしょう。

†女性に貼られるレッテル

ということで、九〇年代以降に略奪婚と雑誌で報じられた有名人を列挙してみましょう（本当に略奪かどうかはさておき）。

萬田久子　島田陽子　斉藤慶子　長崎宏子　有賀さつき　多岐川裕美　今井美樹　近藤サト　梅田みか　丸川珠代　鈴木保奈美　仁科亜希子　野村沙知代　裕木奈江　田中裕子

山田邦子　木佐彩子　寺田理恵子　吉野美佳　畑恵　船田元　鳩山由紀夫　安藤優子　室井佑月　松原千明　浅丘ルリ子　椎名林檎　吉田美和　榎本加奈子　益子直美　保阪尚希　一青窈　永作博美　倉田真由美　麻木久仁子　古手川伸子　小林幸子　misono　長谷川理恵　松田聖子　荒牧陽子　内村光良　赤坂晃　岡田准一　高橋由美子（敬称略・報道時と現在で名前の表記が変わってるかたもいます）

報道当時、世間的にそこそこ知られてた人、という基準で、私が勝手ながら選ばせていただきました。誰それ？　ってレベルの人まで含めたら、もうちょっと増えます。くどいようですが、彼らはあくまで「略奪婚」と雑誌に一方的に報じられただけであって、否定している人もけっこういることをお含みおきください。

やはり圧倒的に女性が多いですね。フェミニストを気取るわけじゃないけど、現代の略奪婚報道においては、女性が必要以上に悪者にされてる傾向は否めません。

しかし総数でいうと、こんなものか、意外と少ないなというのが私の感想。

略奪婚といわれた人がのちに離婚すると、やはり略奪婚の末路は不幸なのだ、と因果応報じみたことをいわれがちですが、その見かたにはかなりのバイアスがかかってます。平たくいえば、偏見です。

略奪婚とされてもうまくいってるケースもたくさんあるし、略奪婚でなくても別れる夫婦もたくさんいます。略奪婚への嫌悪感が強い人ほど、略奪婚報道に敏感に反応して強く印象に残るから、破局したときに「ほら、やっぱり」となる。それだけのことです。

歴史文化的な補足をしますと、明治時代なかばくらいまでの日本では、生涯に何度も結婚・離婚をするのが普通でした。もともと日本の庶民は、離婚や再婚を恥だと思わなかったのです。人生のリセット、リスタート、のように前向きにとらえてた人が多かったようです。

ラジオからテレビへ

――新聞ラテ欄から見える歴史

†最終面には何がある?

つかぬことをうかがいますが、あなたは新聞をどこから読みますか?

私はまず最終面のテレビ欄に目を通してから、そのままページをめくっていきます。つまり、最終面から読みはじめて第一面を最後に読みます。なんでかと問われても、それが少年時代に新聞を読むようになってからの習慣だからとしかいいようがありません。

四十代以上の人たちには、私と同じ習慣をお持ちのかたが少なくないと思います。毎朝新聞を読むときに、まずはテレビ欄でその日の番組をチェックするのが、テレビ世代にとっては大事な日課だったのです。

いまでは新聞の最終面がテレビ欄であることは常識なのですが、むかしは違いました。『朝日新聞』の最終面がテレビ欄として定着したのは一九七四年からです。『読売新聞』は七六年から。

新聞のラテ欄(ラジオ・テレビ番組表のある面)は時代によってけっこう移動していた流浪のページだったんです。最終面で固定される以前は、長いこと中間くらいのページにあることが多かったんです。『読売新聞』は何度か最終面掲載を試みては、一年ほどでまた中に戻すのを繰り返してました。

その大きな理由は広告です。昭和四〇年代くらいまでは、新聞広告には絶大な訴求効果があったんです。企業が出す大きな広告から、個人が出せる三行広告といわれるものまでたくさん載ってました。三行広告というのは、求人情報や不動産の賃貸、売買、その他の売ります買います情報などがぎっしりと並んでいるもので、それを目当てに新聞を読む人もいました。記事と広告はどちらも新聞読者にとって有益なものだったし、新聞社としても貴重な収入源だったわけで、だから多くの新聞は長いこと、目につきやすい最終面を広告ページにしてきたんです。

ちなみにですが、戦前の新聞は日露戦争後から太平洋戦争開戦前までの期間、第一面もすべて広告でした。このことは過去の自著『誰も調べなかった日本文化史』で詳しく解説してますので興味のあるかたは読んでみてください。

†最初のラジオ欄

最初に番組表を含むラジオ欄を始めたのはどの新聞なのか、これは諸説あってきちんと検証できなかったのですが、本気度を考慮すると、『読売新聞』がその最有力候補だと思われます。

日本のラジオ放送は一九二五（大正一四）年三月に試験放送が開始され、本放送が七月

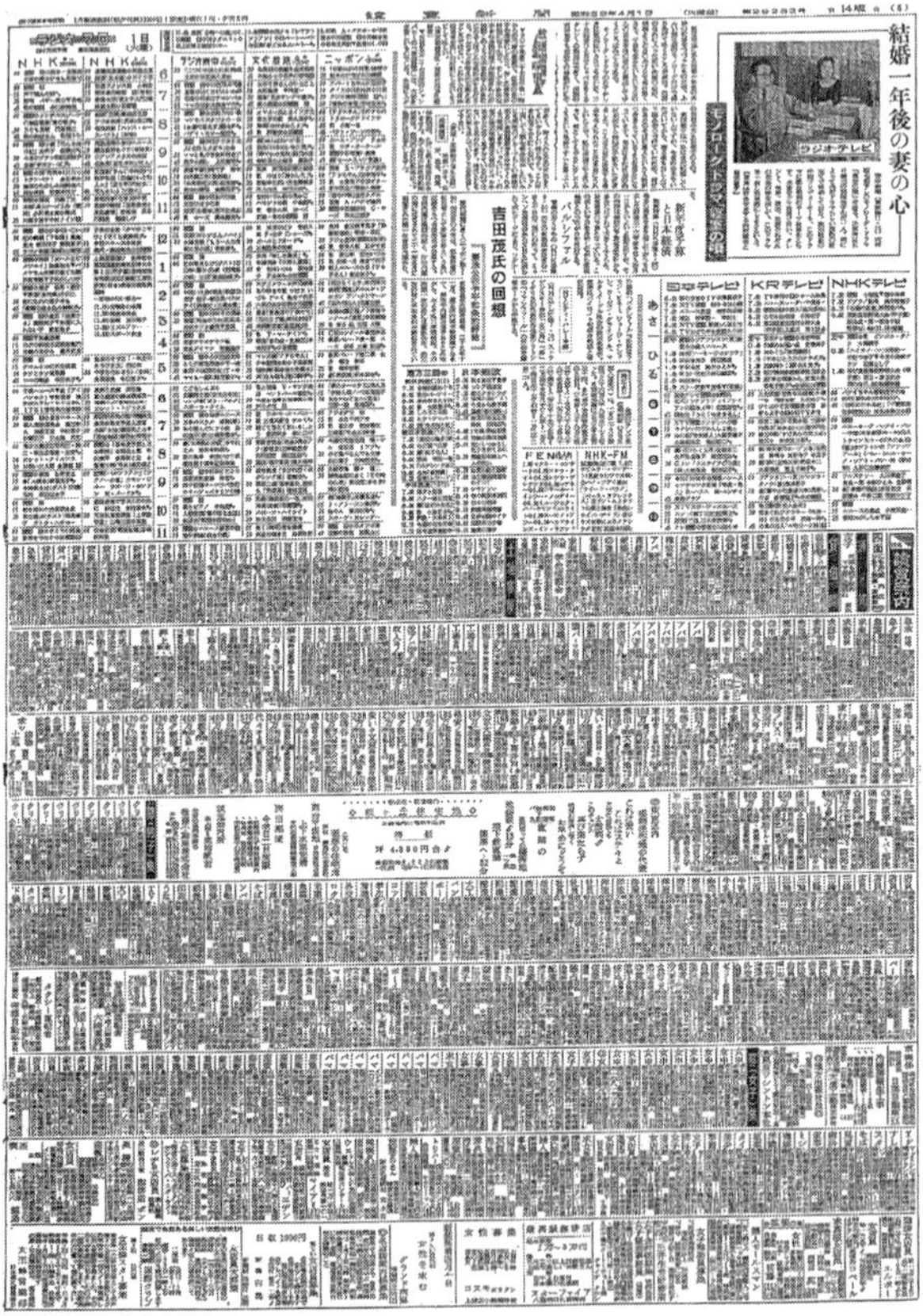

図4　1958年4月1日付の『読売新聞』最終面

に始まりました。というのが公式の記録。これはあくまで政府から認可を受けた商業放送局によるラジオ放送という意味です。

当時のいろいろな記事や随筆などを読むと、その前年くらいからラジオを聴いていたという記述がちらほら見られます。だいぶ前からラジオ受信機や無線通信装置などが輸入されてましたので、マニアが非公式に趣味で小規模なラジオ放送をやっていた可能性も考えられます。

公式なラジオ放送が開始されても、ほとんどの新聞は文化面やスポーツ面の片隅に「けふの放送」みたいな感じで小さくラジオ番組表を載せるだけでした。しかし読売は本放送開始から四か月後、一一月一五日から「よみうりラヂオ版」として大々的にラジオ専用ページを創設します。しかも二ページも使う力の入れよう。

このラヂオ版のページは目立つように紙面がピンク色だったと、『新聞研究』五九年六月号で共同通信の山田一郎さんが記してます。実物を見てみたかったのですが、当時の紙面はマイクロ資料かデジタル資料でしか見られません。残念ながらどちらもカラーではなくモノクロなんです。『読売新聞』の関係者で真偽を確認できるかたからの情報、お待ちしてます。

よみうり　ラヂオ版

濱相が政務の暇々に家庭で樂しむラヂオ

抱負を語るユキ子夫人

JOAK一日一人　己れを語らず

ラヂオ版の文化的使命

童謠十篇

ラヂオ入門(一)

ラヂオ元締めの家庭

買ひ易い賣り易い安藤式ラヂオ聽取器

文化生活　電氣の智識

面白い科學の話

實用無線電話

無線電話

無線電話の研究

放送ラヂオ

早稲田大學出版部發行

図5　よみうりラヂオ版（『読売新聞』1925年11月15日付）

もちろんまだＪＯＡＫ、のちのＮＨＫ一局しかないので番組表も小さいものでしかありません（大阪はＪＯＢＫ）。なので二ページもあるラジオ面のほとんどは、ラジオに関するさまざまな情報や番組内容紹介などの読みもので埋められてます。

そのなかには、ラジオの仕組みを解説するかなり専門的な連載もありますし、初回一一月一五日には、放送を管轄する逓信省の安達大臣の夫人とお嬢さんへのインタビューが写真入りで掲載されてます。写真のキャプションが「ラヂオ元締めの家庭」となってまして、元締めって、なんかマフィアみたいないわれようですが、べつに皮肉ではなく、統括するエラい人くらいの意味で使ってたのでしょう。

夫人は夕食後に落語などが放送されていればたまに聴くが、主人は忙しいからあまり聴いてないようだといいます。娘さんはときどき西洋音楽を聴いているそうです。

ラヂオ版のページで多くを占めるのは放送予定の音楽の歌詞です。新聞で歌詞を見ながらラジオを聴いたり、一緒に歌って楽しんだのでしょうね。掲載初日には童謡一〇曲の歌詞が載ってますが、私が知ってるのは「七つの子」だけで、それ以外は聞いたこともない歌ばかりです。「九人のくろんぼ」なんてのは、いまならタイトルだけで放送禁止リスト入りですし、歌詞自体も、浜辺で九人のくろんぼが禿鷹《はげたか》にさらわれて誰もいなくなったというゾッとする内容です。他にも、闇夜の歩けそうもない往還を誰かだまってやってくると歌う「闇夜」とか、むかしの童謡の歌詞って、やけにホラー風味が強くないですか。

オトナ向けのものとしては、常磐津《ときわず》など邦楽の歌詞が多く掲載されていて、戦前は庶民が常磐津や長唄、義太夫といった邦楽を日常的に楽しんでいたこともわかります。ちょうど大正末期から昭和初期にかけては小唄がブームだった時期にあたります。

東京と大阪はまったく別の番組編成だったのですが、番組表からは東西の文化的な差異がうかがえます。東京の音楽番組がクラシック音楽と邦楽だけなのに対し、大阪はクラシックが少なく、当時流行していたジャズを流してます。

読者投稿を重視した庶民派の読売らしく、ラジオ欄にも「空中語」「ファンの聲」とふたつも投稿コーナーがありました。

翌一六日からは「ラヂオは習学児童を利益するか妨げるか」という連載も始まります。要するに、ラジオがこどもたちにとって有益なものなのか、害になるものなのかを中学の教師など教育関係者たちに意見を述べてもらう企画。ラジオ、テレビ、映画、マンガ、ゲーム、ネットなど、何か新しい娯楽メディアが登場するたびに必ず、それがこどもに有害だという批判が出ます。時代を越えたお約束なんですね。

†ラジオ開局前の盛り上がり

当時の新聞を読むと、人々がラジオに寄せた期待が想像以上に大きかったことがわかりました。開局を待ち望む熱狂的なファンもけっこういたようで、試験放送の開始が一九二五年の三月だったのに、一月には待ちきれないファンが連日放送局に催促してきたそうです。

テレビ開局前よりも、ラジオ開局前のほうが世間の盛り上がりようがスゴかったような印象を受けます。それはおそらく、ラジオ受信機が当初から比較的安価だったのが理由ではないかと。

テレビの場合、初期のテレビ受信機はいまの貨幣価値に換算すると五〇万円以上する超高級品しかなかったのですが、ラジオは初期の頃から比較的安価だったんです。ネットで検索すると、初期のラジオは高級品だったとする記述が目立ちますが、それは事実を半分しか伝えてません。

ラジオの場合、真空管式と鉱石式がありまして、性能のいい真空管式はたしかに庶民にはおいそれと手が出せない高級品でした。しかし鉱石式の安いものなら、当時の値段で一〇円程度かそれ以下で買える製品もけっこう販売されてたんです。いまの価値にすると二万円くらいですかね。ちょっと懐に余裕のある庶民なら奮発してラジオを買えました。

　当時は街の中に高い建物がほとんどなかったので、ラジオの電波をさえぎるものがなく、届きやすかったはずです。それに木造家屋は屋内まで電波が届きやすい。だから性能の悪い鉱石ラジオでも電波をキャッチすることができたのでしょう。

　そんな盛り上がりを受けて、試験放送が始まった三月ともなると、ラジオメーカーは徹夜で製造しても注文をさばききれないほどの大忙しになりました。その裏でわりを食ったのが、蓄音機のメーカーでした。毎日違う音楽を聴けるラジオと、買ったレコードだけしか聴けない蓄音機とでは勝負になりません。蓄音機の売上は激減。あるメーカーは昨年末からこの三月までに五〇〇名以上の従業員を解雇したと報じられてます。


　ラジオ欄に力を入れまくる読売と対照的だったのが『朝日新聞』。ラジオ開局以来、「けふの放送」として小さな番組表をそっけなく載せるだけ。本放送開始から一年後、一九二六年七月になってようやく、番組内容紹介なども載せるラジオコーナーができますが、文芸面の片隅みたいなところにひっそりと位置しています。朝日がようやくラジオ面を始めたのは一九三一年五月からでした。

　朝日をはじめとした新聞業界は、ラジオを脅威とみなしていたといわれてます。それは裏を返せば、ラジオが庶民のための主要なメディアになるのは確実だと覚悟していたことを意味します。

そんななか、読売だけが積極的にラジオとの協業を目指したのは、社長に就任したばかりの正力松太郎のアイデアだったとされます。じつは開局からしばらくのあいだ、JOAKのニュースは『読売新聞』が担当してたんです。開局と同時にラジオ局が自前の報道部を立ち上げるのは難しかったでしょうから、新聞社と提携する道を選ぶのは悪くない判断でした。

†テレビの登場、そして……

これほど人気だったラジオでしたが、日本が戦争へと向かう時局のなか、一九三七年ごろから新聞のラジオ欄は縮小されていき、四〇年になると以前のように、紙面の片隅に番組表が載るだけになりました。

戦争が終わるとラジオ放送も息を吹き返し、朝ドラ『カムカムエヴリバディ』でも描かれてたように英会話番組が人気を博したり、ラジオから多数のヒット曲や人気ドラマが生まれます。ラジオは庶民生活に欠かせない情報・娯楽メディアとしての地位を築き、日本では五〇年代にラジオ全盛期を迎えます。

スポーツ

アコンカグア登頂記

早大登山隊 関根隊長の手記

コンドル舞う山を行く

中腹で全隊員が発熱

早大危く勝つ

ラジオ・プログラム

毎日、阪急を破る

両巨匠顔を並べて

KRの今夕から放送開始

月の物語

花王石鹸

国際電報電話

御利用の皆様へ

図6　スポーツ欄にラジオ番組表（『朝日新聞』1953年4月1日付）

テレビ
新たに九局が誕生
札幌、東北放送など
NHK新聞
人間の壁
新発足の
日新製鋼株式會社
どんなに…
揺れても平気です
トラベルミン

図７　上がラジオ欄、下がテレビ欄（『朝日新聞』1959年４月１日付）

なのに、なぜか新聞のラジオ面はなかなか復活しませんでした。改編期である四月の番組表を年ごとに確認していったのですが、五〇年代を通じて、朝日のみならず、あれほどラジオに協力的だった読売も、戦前のようなラジオ専用面を設けてないんです。

民放ラジオ局が増えるにつれてラジオ番組表も大きくなっていきます。テレビ放送が始まるとテレビ番組表も追加されますが、スポーツ面や学芸面、都民版（読売東京版のみ）などのページを転々と渡り歩き、申し訳なさそうに間借りしてる感じです。

ようやく専用のラジオ・テレビ面が復活したのは朝日・読売とも一九五九年のことでした。民放テレビ局がいくつもできたことで、ラジオ・テレビ番組表だけで一ページ分を使わざるをえなくなったのです。

この前年、五八年には読売が番組表を最終面に掲載する試みをやってます。ただし番組表は上の五分の二くらいで、下の五分の三は三行広告です。五九年にラテ欄が復活したときはまた中のほうのページに戻ってます。

そして次に起きた大変化が、ラジオとテレビの逆転です。五〇年代のラジオ黄金期に登場したテレビは、六〇年代に入るとたちまち王座を奪い、メディアの頂点に君臨しました。

その変化は新聞ラテ欄のレイアウトからもはっきりとわかります。当初のラジオ・テレビ番組表は、ラジオが上、テレビが下にレイアウトされてました。それが逆転し、テレビ番組表が上になったのは、読売は専用のラテ欄が復活した五九年から、朝日は六一年からのことでした。

六〇年代のかなり早い段階で、庶民のためのメディアはラジオからテレビへと急速に移行し、一〇年も経たぬうちにラジオを圧倒します。

NHKが五年ごとに実施している「国民生活時間調査」にも如実に反映されてます。六〇年には一日平均でテレビ視聴が一時間、ラジオ聴取が一時間半だったのが、六五年になると、テレビがおよそ三時間になってるのに対し、ラジオは三〇分以下にまで落ち込んでます。

むかしは家族そろってお茶の間で楽しむものといえばラジオだったのが、テレビに取って代わられました。そして窮地に立たされたラジオは、若者を中心とした個人リスナーに向けた番組づくりへと舵を切ることになるのです。

ニュースショーが終わり、ワイドショーが始まった

†『木島則夫モーニングショー』からはじまった

いまや民放地上波のテレビ番組はネットのTVerで一定期間無料配信するのがあたりまえになりました。私もTVerのラインナップをチェックするのが日課になり、テレビの視聴習慣がちょっと変わりました。

たとえばこれまで、録画してまで観るほどの価値はないでしょとスルーしてたトークバラエティみたいな番組。TVerでなら気が向いたときにパソコンなどでつまみ食いのように視聴できるので、以前よりも観るようになりました。

しばらく前に放送されたドラマがTVerでけっこう配信されるのも、ドラマファンとしてはうれしいところ。以前はどの局も平日の午後の時間帯にドラマ再放送枠があったのですが、近年は、再放送枠そのものがなくなってしまったり、あったとしても決まった作品を繰り返し放送するばかり。その状況を変えてくれたのがTVerでした。

そんなネット視聴の流れに逆らってるとしか思えないのがワイドショー。TVerで配信されているワイドショーはほとんどありません。

できないのか、する気がないのかは不明です。権利関係やスポンサー絡みの事情や編集の大変さなどの要因から配信を見送ってるのか。それとも、リアルタイムでテレビを観られる人だけが観てくれればいいと割り切ってるだけなのか。

開始当初から、低俗番組だ、ヒマな主婦と老人しか観ていない、などと識者や評論家からさんざんバカにされてきたにもかかわらず、ワイドショーはおよそ六〇年にわたって、栄枯盛衰とリニューアルを繰り返しながら続いてきました。その歴史が途絶えたことはありません。

考えてみると謎の多いワイドショー。そのルーツを調べてみることで、いろいろと興味深い事実が判明し、いくつかの疑問も解消できました。


そもそも、「ワイドショー」なる言葉をいつ誰が使いはじめたのか。その基本中の基本からして、はっきりしません。

日本最初のワイドショーとされてるのは、一九六四（昭和三九）年四月にNET（現・テレビ朝日）ではじまった『木島則夫モーニングショー』（以下、『木島ショー』と略します）です。ただし「ワイドショー」という番組ジャンル名は、この番組の成功によって類似番組が大量発生したことにより生まれたのです。つまり、『木島ショー』が始まった時点ではまだ日本にはワイドショーという言葉は存在しなかったことになります。

それまでのテレビ界では、午前中はなにをやっても視聴率が取れない不毛な時間帯という常識があって、みんなさじを投げてました。だから『木島ショー』がはじまったときも、テレビ関係者のなかでその成功を予期した人はほとんどいなかったはずです。

放送開始直後はやはり視聴率が伸びずに苦戦しましたが、番組を観た視聴者や新聞のテレビ欄担当記者の反応は決して悪いものばかりではありませんでした。

番組開始から一か月間の新聞テレビ欄をチェックしてみました。失望した、期待ハズレと酷評する視聴者からの投書を載せてたのは『東京新聞』。毎日・産経は言及なし。朝日と読売の記者評・読者投稿はかなり好意的です。

とりわけ『読売新聞』の記者は木島則夫のマジメな司会ぶりにぞっこんのご様子で、その後もたびたびほめてます。番組が軌道に乗り始めた頃の評、九月一〇日付ではまた木島を賞賛したかと思えば返す刀で、野際陽子はタレント臭が鼻につく、高橋圭三は不勉強でミスが多い、とフリーの人気者アナウンサー二人をなで斬りにしています。

『木島ショー』を立ち上げた中心人物だった初代プロデューサー浅田孝彦は、番組開始四年後に舞台裏を詳細に記した回顧録『ニュース・ショーに賭ける』を出版しました。これが当時のテレビ業界の内実を知る上でとても貴重な参考資料となってます。なお浅田は八七年にも本を出してますが、それはこの本の復刻版です。タイトルが『ワイド・ショーの原点』と変更されてますが中身はまったく一緒。

お気づきになりましたか？　これがなによりの証拠です。『木島ショー』はニュースショーという看板を掲げてスタートしました。それから数年後、類似番組の増加によって、それらをひとくくりにするワイドショーという新たなジャンル名ができたのです。

おそらくこの言葉はラジオの「ワイド番組」からきてるのでしょう。ラジオは一九五五年ごろから二時間枠の長時間番組をはじめました。それまではラジオ番組は三〇分枠がほとんどでした。しかしとくに午後の時間帯は二時間の番組のほうが聴取率もよくてスポンサーもつきやすいことがわかり、それが増えました。そういった長時間番組を「ワイド」と呼んでいたんです。

なので業界関係者は、テレビの一時間から一時間半枠のニュースショーをワイドショーと呼ぶようになったのではないでしょうか。ともあれ、ワイドショーという新語が世間にも受け入れられたので、ニュースショーという呼び名は急速に廃れていきます。

放送開始からじわじわと視聴率を伸ばし続けた『木島ショー』。半年後には八％を越え、一年後には一五％を突破する人気番組になりました。大方の予想を裏切る化けかたに泡食ったのが他局のみなさん。このままＮＥＴの独走を指をくわえて見ているわけにはいきません。追随する準備を始め、『木島ショー』開始から一年遅れの六五年春にＮＨＫの『スタジオ102』やフジの『小川宏ショー』が始まります。『木島ショー』の成功に気を良くしたNETはお昼に『アフタヌーンショー』も開始。各局とも午前中だけでなく午後や夜間にまでニュースショーの枠を広げたことで、六五年春には『木島ショー』の類似番組が東京・大阪あわせて八本放送されるまでになりました。さらに一年後の六六年春には一四本という乱立状態。

このころから雑誌記事にぽつりぽつりと「ワイドショー」の文字が見えるようになりますが、まだ「ニュースショー」というくくりのほうが多く使われてます。

のちにお色気娯楽番組の代名詞となる『11PM』も当初は『週刊読売』編集長が司会を務めるマジメなニュースショーでした。でもまったく人気が上がらないので、半年も経たずに大橋巨泉らを迎えて娯楽中心路線に変更したのが当たりました。同じように、ニュースよりも娯楽や生活、芸能情報を扱う番組が増えていったことで、ニュースショーというくくりが実態に合わなくなったのはたしかです。

六九年ごろになると、お堅い学者や評論家までもがワイドショーというくくりかたを普通に使ってます。なので、六五、六六年あたりに使われ始めた新語「ワイドショー」が、六〇年代末までに日本語として完全に定着したと考えられます。

†ニュースショーの嚆矢

新たな道を切り開いた先駆者である『木島ショー』が日本初のワイドショーであることは間違いありません。ただし、日本初のニュースショーだったかどうかには、異論もあります。

木下浩一さんは『テレビから学んだ時代』で『木島ショー』以前にもニュースショーの制作が何度か試みられていたことに言及しています。しかし成功した番組はなかったので、日本のテレビ史においては実質的に『木島ショー』が日本初のニュースショー（そして最初のワイドショー）とされているのです。

木下さんが先行した代表例としてあげているのが、日本テレビで放送された『婦人ニュース』。私はまったく知らなかったので、ちょっと調べてみました。一九五七年四月から日曜以外の毎日、一二時四五分から放送されていた一五分番組で、家庭の主婦向けにさまざまなニュースの話題をわかりやすく解説する内容だったようです。コンセプトとしてはたしかにニュースショーですが、一五分のミニ番組をショーとまで呼んでいいものかどうか。

驚いたことにこの番組、六六年一〇月までおよそ九年半も続いた長寿番組だったんです。

最終回が放送されたときには、『読売新聞』だけでなく『朝日新聞』にも終了を惜しむ記事が載ったほどなので、地味ながら評価されていた番組だったようです。

となるとある意味、成功した番組といえなくもないですね。実際、番組関係者のなかには『婦人ニュース』こそが日本初のニュースショーだったと主張してた人もいます。

なお、『婦人ニュース』はおよそ二年後の六八年七月から復活してるのですが、移り気な視聴者のこころはすでに離れてしまってたようです。結果を出せなかったためか、たった半年で見切りをつけられ、六九年一月から『ベストショーPM』というチャラそうな別番組にリニューアルされてしまいます。

さらにややこしいのは、TBS（KRテレビ）もまったく同じ番組名の『婦人ニュース』を、日テレと同時刻に同じ尺（一五分）で放送してたこと。私が新聞のテレビ欄で確認できたかぎりでは、五九年一一月に始まり、六八年九月に終了してるので、こちらも約九年続いたなかなかの長寿番組でした。

それにしても、他局と同時刻に同じ名前の番組を後追いで始めるなんて、いまなら絶対揉めますよね。でも当時、日テレがTBSに抗議したという記事は見当たらないので、黙認してたってことなんでしょうか。

両番組とも、内容に関する資料はほとんど残ってないのですが、TBSの『婦人ニュース』が終了した経緯については、番組終了から五年後の雑誌『潮』七三年三月号の「消されたテレビ番組の全記録」という特集記事のなかで、番組を担当していた来栖琴子アナウンサーが証言しています。

さまざまな政治・社会問題を取りあげていたけれど、スポンサーのポーラ化粧品が番組内容に注文をつけてきたことは一度もなかったそうです。それどころかポーラの社長は番組をいたく気に入っていて、視聴率が低くても、ずっと続けてくださいと応援してくれていたのだとか。

しかし六八年八月に、自民党の機関紙『自由新報』（現在は『自由民主』に改題）の「電波パトロール」に嗅ぎつけられました。あの「電波パトロール」にですよ！　あの、といってもほとんどのかたはピンときませんよね。テレビ・ラジオの番組をほぼすべてチェックして、自民党の方針に反する内容を放送したものを片っ端からやり玉にあげるという、かなりエグい連載企画だったのですが、これについては次章で詳しく取りあげます。

『婦人ニュース』が生協を取材して、職員たちが物価高は政治のせいだと発言してる回と、原爆被害者によるアメリカ批判の回、そしてベトナム戦争批判の回について電波パトロールは批判しています。しかしその批判は、この番組は『赤旗』の仲間だ、みたいな決めつけのイチャモンばかりで、論理的説得力に欠けてます。

その一月後に番組が打ち切られたのですが、局側は、それは記事掲載とは無関係であり、視聴率が取れないからと説明しました。でもスポンサーが支持してるのにそれを理由にするのはおかしいと来栖さんは主張しています。

この時期のTBSでは、『ニュースコープ』のキャスター田英夫《でんひでお》の降板など、政治的な主張の強い番組へのてこ入れや終了が続けざまに行われてたのは事実です。『婦人ニュース』の打ち切りも、政治家から目をつけられることを恐れた局上層部による自主規制の一環だったのだろうと、当時のジャーナリストやテレビ関係者が指摘しています。

†カジュアルでわかりやすく

日本のテレビにニュースショーの企画を持ち込んだのは、あるアメリカ人でした。アメリカ資本の外資系企業、日本ヴィックスの社長だったパーク・C・ピーターソンが、アメリカNBCで長年放送されていた人気ニュースショー『トゥデイ』みたいな番組を日本でも作れないかと各局に打診したところ、興味を示したのがNETだけだったのです。

ヴィックスって、エヘン虫のノド薬の会社でしょ、と懐かしむ中高年のみなさん、知識をアップデートしておきましょう。日本ヴィックスという企業は一九八〇年代にP&Gに買収され、とっくのむかしに消滅しています。二〇二二年現在、日本でヴィックスドロップの製造販売権を持ってるのは大正製薬です。

浅田プロデューサーの回顧録を読むと、『木島ショー』成功のキーパーソンがピーターソンだったことがわかります。この人はカネを出すだけでなく、番組のありかたについて熱心に口を出してきました。

そういいますと、なにやら自分が信奉するイデオロギーを広めるために番組のスポンサーとなるいけすかない金持ちを想像するかもしれませんが、ピーターソンは違ってました。番組制作側の自主性を尊重する、リベラルな人格者だったようです。あくまで、番組のありかた、方向性について的確なアドバイスをするだけで、でしゃばりはしなかったのです。

五〇年代・六〇年代、日本のテレビではアナウンサーが喜怒哀楽を排した口調と堅い表情でニュース原稿を読み上げるのが常識でした。『木島ショー』はその常識を破り、庶民のためのカジュアルでわかりやすいニュースショーをコンセプトにしていました。

初回から、番組の幕開けとともに司会者とアシスタントが軽いおしゃべりをするところから始まるなんてのは、従来のお堅いニュース番組ではありえないスタイルでした。でもいまやそれがワイドショーのオープニングとして定着しています。NHKのニュースでさえ、アナウンサーたちがニュースの合間に軽い世間話をしたり、ダジャレをいったりするやりとりがあたりまえになりました。

ピーターソンが目指したカジュアルなコンセプトを実現するための司会者として、番組立ち上げを任された浅田プロデューサーが白羽の矢を立てたのが、NHKアナウンサーの木島則夫でした。

番組の成功が司会者の人選にかかっていることはあきらかでしたが、高橋圭三、宮田輝といった人気フリー司会者は、誰もが失敗を予想するような新番組の企画には乗ってくれません。多忙や体調を理由に断られました。

彼らに比べるとNHKの局アナだった木島の知名度はかなり低いものでしたが、かつてNHKで放送されていた『生活の知恵』という生活情報番組での、木島の誠実であたたかみのある話しぶりが、浅田の印象に強く残っていました。そこで新番組の司会者として引き抜けないかとこっそり探りを入れたところ、意外な裏事情が判明したのです。

木島の柔らかい語り口は、当時のNHKでは「NHKらしくない」と邪道扱いされてたそうです。木島は管理職に昇進したものの、アナウンサーとしての出番をほとんど奪われて、だいぶくさってるというじゃありませんか。

これをチャンスと見た浅田はさっそく木島と接触し、了解を取りつけると、周到な根回しの末に穏便に彼をNHKから引き抜くことに成功しました。ちなみにですが、この当時活躍していたフリーアナウンサーはほぼ全員、元NHKの局アナです。なので木島が特別な例だったわけじゃありません。

誠実な木島をメイン司会に据えた上で、主婦の共感を得られそうな井上加寿子と、ちょっとトガッた若手の栗原玲児の二人をサブ司会者として登用したことも、プラスに働きました。ある話題について、中年男性・主婦・若者と、タイプの異なる三人を据えることで、三者三様の意見が得られます。

ときに三人の意見が異なると議論になることもありましたが、三人に信頼関係があったからでしょうか、過激なバトルにはならなかったのです。三人の節度ある議論は、視聴者にも好評でした。

法政大教授の福田定良は六九年の雑誌記事で、この三人の個性を活かした見事な論争が、NHKに代表されたそれまでの非人格的な報道を人格化することに貢献したと分析しています。

現在のワイドショーでコメンテーターが果たしている「感想屋」の役割を、メイン司会の木島と二人のサブ司会者で担っていたと見ることもできます。

原爆記念日に広島から記念行事の中継を入れることが決まると、浅田はピーターソンに電話しました。原爆記念日の中継にアメリカの商品のコマーシャルを入れるのは逆効果になるかもしれないから、この日だけはコマーシャルをやめませんか、と。

スポンサーにCMをやめましょうなんて、とんでもなく非常識な申し出だったにもかかわらず、ピーターソンはプロデューサーの意を汲んで、了承してくれたのです。

この件はマスコミ各社にも知られるところとなり、後日、新聞でも報じられました。もともと『木島ショー』を推していた『読売新聞』はテレビ欄の記者コラムで、スポンサーの決断を絶賛しています。

一九六四年一一月一一日、アメリカの原子力潜水艦が翌日、佐世保港に入港する予定だと政府が発表しました。その臨時ニュースを番組中に報じたあと木島が、寄港反対の世論が押し切られて残念です、とコメントしました。

すると数日後、『読売新聞』に視聴者からの投書が載ります。ああいう政治的色彩の強い問題にマスコミの司会者が私見を述べるのは問題である。

これに対する局側の回答が数日後に掲載されてます。番組では先日、専門家を招き、政治的・科学的な意見を語ってもらった。政治的な問題については一方的な報道は避けるようにしている。

こういう政治的な問題も番組では取りあげて、検証までしていたという事実が、スポンサーからの横やりが入らなかったことの証明になってます。ましてやこの件に関してはアメリカ批判と受け取られる可能性があったのに、アメリカ人でもあるしスポンサーでもあるピーターソンに遠慮や忖度《そんたく》をした様子は見られませんし、ピーターソンも口出ししなかったのです。ニュースショーであることを貫こうとする番組側の矜持がうかがえます。

†試行錯誤の開拓者

とはいえニュースとショー、報道と娯楽の配分を決めるのには苦心した様子。なにしろパイオニア（開拓者）です。開拓者のデメリットは、前例を参考にできないこと。先頭で道を切り開く者は、おのれで試行錯誤を重ね、結果から学ぶしかないのです。

番組初回の内容リストを見ると、非常に雑多な内容が並んでます。一年前に誘拐されたまま行方がわからないこどもの母親、いわゆる吉展ちゃん事件の被害者の母親をスタジオに招き心境を語ってもらう重苦しい社会派ネタがあるかと思えば、料理コーナーがあり、交通事故のおそろしさ、スタジオでの生歌、団地で録音した主婦たちの愚痴、新婚カップルに話を聞く『新婚さんいらっしゃい』を先取りしたような企画など、深刻さと娯楽色がとっちらかってます。

八月一四日の放送では、女優の林美智子さんがゲストとして登場しています。じつは林さん、このとき放送中だったＮＨＫの朝ドラ『うず潮』でヒロインをつとめてました。八時一五分からＮＨＫで朝ドラが放送された直後、八時半から民放ＮＥＴの『木島ショー』にゲスト出演するって、アリなの？　他局のドラマの宣伝になっちゃいそうですけども、逆に朝ドラ人気に便乗して視聴率を稼ごうって作戦だったなら成功したのかもしれません。数日後の『読売新聞』テレビ欄に、司会の栗原が林さんをからかうような質問を連発したのは失礼な態度だと憤るファン（？）からの投書が載ってます。やはり林さんのファンは朝ドラ終了後、『木島ショー』にチャンネルを回したのでしょうね。

資料を読んでいて私がいちばん驚いたのは、視聴者プレゼントへの反応でした。毎日さまざまな商品をプレゼントする企画は、どのワイドショーでもやっている視聴率上昇のための常套手段でしたが、凄まじいのはその応募数。

当時はハガキでの応募が一般的で、人気番組だった『木島ショー』には毎日何万通もの応募ハガキが寄せられました。最高記録は平凡社世界大百科事典が賞品だったときの三八万通！　毎日ハガキを整理するために専門のアルバイトを雇わなければならなかったほどだったそうですが、百科事典がステータスだった時代性も懐かしい。昭和の頃には、ちょっと意識の高い家庭には、たいがい百科事典があったんです。スマホさえあればいつでもどこでもウィキペディアで調べられるいまと違って、知識や教養が見栄として通用した時代だったんだよなあ、と懐かしく思い出しました。

これら雑多なコーナーをじょじょに整理していって、庶民目線のニュースショーという当初の目標に近づけていったことで番組は視聴者の支持を得たのですが、スタジオに常駐する専属バンドの生演奏と週替わりの歌手の生歌《なまうた》による「今週の歌」のコーナーだけはかなり長く続けてます。

昭和歌謡ファンの間ではわりと有名なのが、「今週の歌」コーナーに、いしだあゆみさんが一週間出演したときのエピソード。

昭和のワイドショーで定番だった企画のひとつが「家出人捜し」でした。ある日の放送では子連れの父親が出演し、突然失踪した妻に帰ってきてくれと、カメラに向かって涙ながらに呼びかけました。スタジオで歌のスタンバイをしていたいしだあゆみさんもその様子を見て同情していたのでしょう。

ところが翌日の放送中に、失踪した奥さんが水死体で発見されたという悲しいニュースが伝えられました。間の悪いことに、その直後が今週の歌のコーナーだったので、ショックのあまり泣き出してしまったいしださんは、バンドの演奏がはじまっても歌えません。その様子が電波に乗って流されてしまうのが生放送の残酷さなのですが、局には放送直後から「私ももらい泣きした」と、いしださんの人間らしい反応に共感した視聴者からのはげましの電話が殺到しました。

視聴者は、何が起きても滞りなく無感情に伝えるニュース番組よりも、うれしいニュースには喜び、悲しいニュースを聞けば涙を流すといった、人間としてあたりまえの反応を放送する番組を支持するようになっていたのです。

木島もけっこう頻繁に泣いたようで、「泣きの木島」というニックネームがつけられたりもしました。よく怒っていた『アフタヌーンショー』司会の桂小金治とともに、「泣きの木島、怒りの小金治」なんてキャッチフレーズも生まれました。

六五年一一月一四日付『朝日新聞』に、五人の主婦がニュースショーについて率直な感想を語り合う記事があります。「泣きの木島」については意見がわかれます。ひとりの主婦は「ハナにつく」と否定的ですが、べつの人は、泣きといってもジメジメしたものでなくヒューマニズムだと異論を唱えた上で、自分もときどきもらい泣きするといいます。ニュースショーから泣きをとったらつまらないという意見もありますし、NHKの『スタジオ102』はアナウンサーが泣きも怒りもしないのでもの足りない、冷たいという人もいます。

五人ではサンプル数が少なすぎるので推測の範囲を出ませんが、ニュースショーの司会者や出演者が感情をおもてに出すことを好意的にとらえていた視聴者は、やはり多かったのではないでしょうか。

†番組の長寿と短命を分けるもの

ニュースショー、ワイドショーの先駆けにして最初の成功例でもあった『木島則夫モーニングショー』。番組の人気が上がるにつれて、スポンサーの日本ヴィックスの製品が売れすぎて生産が追いつかなくなったというのだから、ニュースショーを日本に根づかせようとしたピーターソンの狙いは、当たりまくって会社の業績にも貢献できました。日本のテレビ史にその名を刻み、スポンサーからの信頼も篤く、視聴者ウケもよかったこの番組は、意外なことにたった四年で終了してしまうのです。

といっても番組は司会者を変えて『長谷川肇モーニングショー』『奈良和モーニングショー』とその後も長く続くのですが、ライバル局の『小川宏ショー』が同じメイン司会で一七年続く長寿番組になったことと比べると、『木島ショー』の四年は、番組としては短命といわざるをえません。

四年目ともなると、近ごろの木島ショーはマンネリだと批判する視聴者の声が増えていたのも事実です。しかしマンネリは他の長寿ワイドショーにも共通する傾向なので、それだけが原因とはいえません。

番組終了の一番の理由は、木島則夫の疲労でした。


放送評論家の志賀信夫は、ニュースショー司会者のストレスを懸念しています（『週刊読売』一九六八年二月一六日号）。志賀によるとテレビ各局が類似番組で激しい視聴率競争をするのは日本だけの特徴だとのこと。『木島ショー』がお手本にしたのはアメリカＮＢＣの人気番組『トゥデイ』だったのですが、アメリカではＣＢＳやＡＢＣといったライバル局は類似番組を放送していないのだそうです。

日本のテレビ界の過当競争が司会者のストレスを生み、『木島ショー』の短命化を招いた可能性を志賀は示唆します。木島則夫は四年目に入る頃にはすでに疲労からくる限界を意識していたようですが、決意をうながしたのは奥さんからのアドバイスだったそうです。夫のテレビでの話しぶりが以前と違ってきてる。それは疲れている証拠じゃないかと。

ひょっとすると『11ＰＭ』の司会者の一人、小島正雄の急死にも背中を押されたかもしれません。小島は六八年の一月に急性心不全で亡くなったのですが、それが番組司会のストレスと因果関係があったかどうかは、はっきりしません。

木島則夫と小川宏の違いは何だったのでしょうか。木島はわりとマジメな人で、小川はもともと図太い人だったという性格の差が大きく影響したのは否めないと思います。

志賀信夫は『小川宏ショー』の現場を副調整室で見学していたときのことも先ほどの記事中で語ってます。番組の進行が遅れていたのでアシスタントディレクターが「巻き」のサインを出したのですが、小川はあせることなくゆうゆうと番組を続けます。サインに気づいてないのではと心配を口にした志賀をディレクターは笑います。小川さんに任せておいて大丈夫と太鼓判を押したところ、実際に番組は時間どおりにキチンと終わったのです。

ただし、小川は『小川宏ショー』の終了後にうつ病になったことを公表しています。さすがに一七年も続けると、図太いと思われた人でもストレスが蓄積してしまうのか、あるいはルーティンワークが急になくなったことが心身に影響を及ぼしたのか、そのあたりの真相は人間の内面に関わることなので、あきらかにされてません。

個人の性格の差もあったでしょうが、番組自体の基本方針に決定的な違いがあったことが長寿と短命をわけた本質的な要因だったとする説を私は採ります。

それを示唆する論説が六〇年代から七〇年代にかけていくつか発表されてます。なかでも鋭い考察で参考になったのは、福田定良「ワイド・ショーの報道性と娯楽性」(『ブレーン』六九年三月号)、隅井孝雄「ワイドショーはどこへ行く」(『文化評論』七三年四月号)、笹原隆三「虚構の中の日常」(『創』七七年一一月号)の三本です。

これらの論に共通するのは、ニュースショーからワイドショーへの変化を、報道性から娯楽性への転換と位置づけている点と、ニュースショーの立ち位置の難しさです。

『木島ショー』がニュースショーであり続けようと苦闘を続けてたのに対し、『小川宏ショー』は最初からニュースショーであることを放棄して、家庭や人間の話題を番組の中心に据える〝ホームショー〟を目指してました。それは司会の小川宏自身が提案したことだったと、のちに本人が証言してます。

開始当初はスタジオに小学生のひとクラス全員を招いて社会問題について意見を聞くなんて攻めた企画をやってましたが、わりと早い段階でそういったものをやめて、スターの初恋談義みたいな娯楽色の強い内容へとシフトしていきます。硬派な『木島ショー』との差別化を打ち出したことで、『小川宏ショー』は視聴者の支持を得たのです。

ニュースショーであるためには、社会や政治の問題と向き合って、ときにがっつり組み合わねばならないこともあります。賛否が分かれる現在進行形の問題を扱う以上は、批判の矢が飛んでくることも覚悟せねばなりません。陰湿な圧力をかけられることもあります。心身ともに疲れます。

隅井さんの記事によると、実際に『木島ショー』は、一九六五年一〇月に自民党広報委員会が公表した「注目される放送事例——最近の重要問題をめぐって」という文書中で、「この番組は左翼的に近いものを感じさせる、ことにアメリカに対して非友好的なことは否めない」とやり玉にあげられていたそうです（残念ながらその自民党の文書は入手できませんでした）。

でもその文書の指摘にかなりの誤解があることは、ここまでお読みになったみなさんならおわかりでしょう。アメリカ人がスポンサー及びアドバイザーとして深く関わっている番組をアメリカに非友好的だと指摘するのは単なる認識不足です。自民党文書の執筆者は番組の背景などをろくに調べもせずに、個人的な印象で書いていたのでしょう。

†政治・社会ネタから娯楽へ

一九七一年、『小川宏ショー』にアシスタントとして新加入したフジテレビの山川建夫アナウンサーが、一年も経たずに番組を降ろされる事件が起きます。その原因は、山川さんが番組中でベトナム戦争や過去の日本の戦争を批判し平和を訴える発言を繰り返していたことをフジテレビ上層部が問題視したからだといわれてます。クレージーキャッツの政治風刺コント『おとなの漫画』を放送していたリベラルな時代から一転、六〇年代後半になるとフジテレビは社長方針で政治的保守色を鮮明に打ち出すようになっていたのです。

ただし、のちの雑誌インタビューで山川さんは、小川宏も政治批判、社会批判みたいなものを毛嫌いする人だったと証言しています。

その小川の志向は『主婦と生活』六五年一二月号の座談会記事からも読み取れます。これは当時人気だったワイドショーの司会者、木島則夫と小川宏、『スタジオ１０２』の野村泰治、『アフタヌーンショー』の榎本猛の四人が一堂に会して今年一年を振り返るという目玉企画です。

座談会の前半、放送での面白話やら苦心談などを語り合うところでは積極的に会話に参加して盛り上げている小川ですが、後半、今年のおもなニュースをマジメに振り返る段になると、ほぼ無言になってます。

社会問題を語り合うような企画より、スターの「初恋談義」みたいな毒のない企画を小川自身が好んでいたのです。

政治・社会の問題と取り組むニュースショーでは、賛否が分かれたときに自分の意見をいわねばならず、批判も受けやすいため心身をすり減らすこともあります。木島はそれに挑戦したし、しかも前例のない先駆者だったがゆえに参考にできる事例がないので、なおさら精神的な負担は大きくなったことでしょう

小川宏は政治社会ネタを極力避けたことで、番組を長期間続けられたのではないでしょうか。

福田定良は六九年の論説で小川宏と番組をこのように評してます。

「小川宏ショー」の報道的機能の娯楽化は、むしろ、芸能化と呼んだほうがいいような形で行われてきた。

小川宏は、木島とは違って、もともと芸能人タイプのアナウンサーだったが、今では駄洒落を弄する芸能的司会者になりきっている。

小川宏ショー全体が罪のない話をし合うサロン的世界である。

そして、『木島ショー』終了後のワイドショーは、〝「木島則夫モーニング・ショー」がぶつかった報道性と娯楽性との矛盾を回避している〟と指摘します。

テレビ業界での現場経験が長い隅井孝雄さんは、七三年のテレビ時評でこのテーマを掘り下げ、六四年から六八年にかけて政府がテレビ各局に強く圧迫・干渉をするようになったこととの関連を示唆します。

六五年には日本テレビのドキュメンタリー『南ベトナム海兵大隊戦記』が政府からの要請により放送中止。六六年に終了したＴＢＳ『報道シリーズ』や、六七年のＴＢＳ『ニュースコープ』のキャスター田英夫の降板、そして六八年『婦人ニュース』打ち切りなども、政府からの要請に忖度した局側の自主規制だったといわれてます。

こういった状況下で、『小川宏ショー』がニュースネタをやめて、主婦向けに朝のひとときの娯楽とくつろぎを提供するあたりさわりのない番組になったのは必然だったと隅井さんは振り返ります。

テレビは大きな曲がり角を曲がり、そして「ワイドショー」は「ニュース・ショー」と決別した。

†ニュースショーの終わり

七三年の時点ですでにワイドショーが猟奇的事件ばかりを扱うようになっていたことに隅井さんは懸念を示してますが、そういった下世話な方向性は、七七年にはさらに強まっていたようです。

ルポライターの笹原隆三さんはワイドショーの現場を取材したレポートで、ワイドショーは報道番組の姿勢を忘れ、企画ものだけが唯一の売り物になっているといいます。

たとえば七七年九月一六日の新聞のテレビ欄に載った、朝の各局ワイドショーの内容はこんな感じ。話す珍犬、ニセパトカー、人妻横恋慕、看護婦寮を襲う、ハチ軍団襲来、幼女熱死、神秘！　死後の世界はある?!　田中絹代の招霊実験、激怒！　年下の男と逃げた34歳の妻を発見……。

取材に応じた番組のディレクターは、新聞の番組表は文字数が限られてるから、少しでもショッキングなものを載せないと観てもらえないと答えます。

あるディレクターはワイドショー視聴者層の中心である主婦のイメージを「スケベで知的レベルが低いくせに、チョット気に入らないとヒステリックな電話をかけてくる」とこきおろし、べつのディレクターも主婦売春や高校生売春を取りあげれば数字が取れると、完全に見下した発言をしています。

制作側も視聴者も、社会問題に関わる態度が変わってしまったのかもしれません。問題を共有してみんなでなにか解決策をみつけようといった高いこころざしは消えて、事件を無責任にのぞき見る野次馬根性だけが残った。そんな印象を受けます。

この記事で笹原さんは、参議院議員会館に木島則夫を訪ねて取材しています。記事が掲載された一九七七年、木島は参議院議員として二期目をつとめていたのです。

『木島ショー』降板が正式に決まり、番組出演も残すところあとひと月ほどになった二月のある日、東京に大雪が降りました。およそ十年前のその日のことを木島は鮮明におぼえていました。

その日の放送では百人の主婦をスタジオに招いて番組をやる企画だったのですが、大雪で交通がマヒすることが前の日から予想されてたので、前の晩から都心のホテルに泊まってもらったり、近くの人は当日の朝、局の車で出迎えたりしました。努力の結果、スタジオには予定どおりに百人の主婦が揃い、番組は無事終了。

おおいに気を良くして控え室に戻ると、スポンサーのピーターソンが待っていました。

「木島さん、今日の番組は失敗でしたね」

思わぬ言葉を掛けられ、驚きで声も出ない木島。

「この大雪で交通もマヒしているというのに一人も欠けず局へ来られるなんて事があり得ますか。本来なら視聴者の欠席は当然だしスタッフだっておくれてスタジオに入る事もあるでしょう。私なら、やっとたどりついた視聴者なりスタッフがついた雪をはらいながら入ってくるところを撮りますよ」

木島はこの言葉を聞いて、「ああ、終ったんだなあ、とつくづく思いましたねぇ」。

ニュースショーであるなら、大雪による都心の交通マヒという現実を伝えなければいけないのに、まるで台本通りのやらせのような番組になってしまっていた。木島もスタッフもそこに思い至らず、当然のようにやってしまったのです。

いつのまにかニュースショーが終わり、ワイドショーが始まっていたことを、木島が悟った瞬間だったのでしょう。

政治を語る芸能人

†前田武彦をご存じですか？

二〇二一年九月四日の夜。それまでほとんど観たことがなかったＴＢＳ『新・情報7days ニュースキャスター』の冒頭を、その日はたまたま観てました。

前日に、首相続投を目指していたはずだった自民党の菅さんが一転、次期総裁選に出馬しないことを表明したことで自民党総裁選の構図が大きく変わろうとしていた日だったので、番組冒頭でのビートたけしさんのトークも総裁選絡みの話。安倍さんがもう一度やるとかってのはどうなの？　みたいなことをしゃべってまして、へえ、今日はたけしさん、ずいぶん右寄りな意見をいうなあ、と思いつつ観てました。

民主党政権時の批判なんかもしてたので、安住紳一郎アナが、じゃあ、たけしさんは次の選挙では自民党に投票するんですか？　と質問すると、「いや、共産党です！」

笑っちゃいました。自民党の話をフリに使い、共産党で落とすなんて政治ギャグをテレビの生放送で堂々とやってのける芸人は、いまの日本ではたけしさんくらいでしょう。

直後にネットの反応を見たら、発言をマジメに受け取ってる人たちがいてびっくりしたのですが、もちろんあれはジョークです。たけしさんは共産党には投票しないでしょうし、自民党にも投票しないいんじゃないかな。なぜなら二〇〇二年の雑誌『SIGHT』春号のインタビューでたけしさんは、一度も選挙に行ったことがないし、これからも行くつもりがないと答えてますから。

芸人なんていうのには選挙権も被選挙権もなくていいと思ってる。自分は体制にチョコチョコ文句つけて怒られそうになったら逃げるような生き方だ。などと卑下したあとに、選挙に一回でも行ったら、政治に関心を持って、自分が政治家になろうなんて思うようになったりしないかコワいのだと心情を吐露してます。

いずれかの政党に肩入れしてしまうと、笑いのネタにしづらくなってしまうかもしれないから、右でも左でもなく、ちょっと離れたところにいたい。そんなスタンスなのでしょうか。

もちろん、そのインタビューから二〇年近く経ってるので、もしかしたらその後、気が変わって選挙に行くようになった可能性はありますけども。

このときたけしさんは、共産党です、とボケた後に、もうひとボケかましてました。前田武彦みたいに降ろされちゃう、とかなんとか。

私はそのときたまたまテレビを観てただけで録画はしてなかったので、一言一句正確に再現することはできません。でも発言内容は間違ってないはずです。

激減する芸能人の政治風刺

これに笑えるのは、かなりの芸能通だけですね。そもそも前田武彦って誰？　って世代がもう大半を占めるでしょう。私だって全盛期の活躍は見てません。たけしさんが「共産党バンザイ事件」のことをネタにしたのだとピンときた人は、かなり少数派でしょう。

参議院補欠選挙の選挙期間中に、前田が共産党の候補者を街頭で応援した際、当選したらボクはテレビでバンザイをします、と宣言。その候補が見事当選したので、その夜放送された生放送歌番組『夜のヒットスタジオ』でバンザイをしたら司会を降板させられ、その後長らくテレビの仕事を干された――そう伝えられている一件。

私もこの件については漠然とした知識しか持ってませんでした。そこで今回イチから調べてみたところ、いわれてるほど単純な話ではなかったことがわかりました。バンザイに至るまでの経緯やその後のことについて、あやふやにおぼえてるだけのかたがほとんどでしょう。ましてや、前田武彦がどういう人間だったかも多くの人はご存じない。

調べていくうちに、芸能人と政治の関わりについてさまざまな歴史的事実が判明しました。どんな些細な事柄でも、事実関係をきちんと押さえ、誤解や偏見を解いておかなければいけませんね。あらためて痛感しました。

じつは前田武彦の共産党バンザイ事件については、いずれ調べるつもりでいたんです。私も前田のことをほとんど知らなかったのですが、政治や社会を批判する発言を積極的にしていた人だったという話だけは耳にしてましたから。

というのも、近頃じゃ芸能人が政治絡みの発言や政権批判をすると、政権擁護派の一般人からネットで叩かれまくって大炎上する例ばかりが目立つからです。

二〇二〇年に検察庁法改正案に抗議するツイッターデモがあり、有名芸能人も多数参加してました。すると案の定、「なにもわかってないバカな芸能人のくせにエラそうに政治を語るな!」みたいな偏見まる出しの批判が殺到します。そう批判してる連中も誰かの受け売りで政治を語ってるだけにすぎないのにね。まともな政策論議をするだけの知性も思考力もない者は、おのずと相手の人格攻撃に終始するのです。

二〇一九年には佐藤浩市さんが映画『空母いぶき』で演じた総理大臣の役作りについて『ビッグコミック』の取材に答えたところ、自民党支持の某記者が、佐藤は安倍総理を揶《や》揄《ゆ》していると憤慨し、それに便乗した連中が佐藤さんをネットで叩きました。

そのインタビュー記事を私も読んでみましたけど、とくに問題にすべき発言は見当たりません。記者が佐藤さんの発言を被害妄想で大幅に誤読・曲解していただけでした。実際、この炎上騒動はネットでよくあるボヤみたいなもので、マスコミからも世間からもほぼ黙殺されたままずぐに鎮火しました。

政治風刺コントをやっているザ・ニュースペーパーのリーダー渡部又兵衛さんは、二〇一七年、テレビ番組用に森友学園問題を風刺した政治コントを収録したけど、放送当日になって、急遽お蔵入りになったことを告げられたそうです。

漫才コンビ、ウーマンラッシュアワーの村本さんは、二〇一七年ごろから政治風刺・社会風刺色の強い漫才ネタを作るようになりました。風刺で感心させることはできても、笑わせるのはけっこう難しいのですが、彼らの漫才はレベルが高く、普通に笑えます。

でも政治的立場が異なる人たちは意地になって笑わず、彼らの漫才をつまらないとけなします。くやしかったら自分も野党を風刺するおもしろい漫才・漫談をやってみたらいい。ぜひそのネタを見てみたいですね。たぶん村本さんの足もとにも及ばないショボい出来、もしくは醜悪な「嗤《わら》い」にしかならないでしょう。

そもそも「笑い」と「嗤い」は表裏一体で、権力や権威を笑えば、対象となった者とそれに追従《ついしょう》する者たちは「嗤われた」と憤ること必至です。

戦時中、漫才師たちは国や軍部の方針に沿った漫才をやるように命令されましたが、笑いとは基本的に常識や権威をゆさぶるところから起きるものなので、権威におもねるネタで客が笑うはずがありません。だから漫才師はネタの中に巧妙に、国や軍部を揶揄する要素を埋め込んだのです。勘のいい客は、それに気づいて笑いました。

それにしても残念なのは、やっかいごとやもめごとを極力避けようとする、ことなかれ主義が地上波テレビに根づいてしまったことです。政治批判をするな！　といちゃもんをつけられることにビビったテレビ局は、ウーマンラッシュアワーのような政治風刺漫才を放送しないことに決めたようです。彼らの漫才を地上波テレビで最後に見たのはいつのことだったでしょうか。二〇二一年にBS12で放送された『村本大輔はなぜテレビから消えたのか？』というドキュメンタリーで、私は彼らの姿を久々に目にしました。

芸能人が政治批判や政治風刺をする機会が、どんどん奪われていってるように感じませんか。政治批判や政治風刺を快く思わない不寛容な人たちが、芸能人の政治発言をネットで叩いてやめさせようとする傾向にはうんざりだと嘆く人も少なくないはずです。有名人を叩いて見せしめとすることで、一般人の政治発言も萎縮させたい、政治批判が盛り上がらないようにしたいとの狙いがあるのは明白なのに、テレビ局はなぜその言論弾圧と戦おうとしないのだ、と。

歴史の事実を検証して得た事実を先に申し上げましょう。政治批判や政治風刺をする芸能人は、むかしからいました。彼らは大衆の熱烈な支持を得ると同時に、つねに権力側からの圧力にも晒されてました。

大衆も、みんながみんな芸能人を支持してたわけではありません。芸能人の政治批判や政治風刺を叩いてやめさせようとしたり、姑息《こそく》な揚げ足取りで妨害したりする人たちも、これまたむかしから一定数、存在しました。最近ではそうした人たちがネトウヨ（ネット右翼）などとひとくくりにされることが多いので、ネットが普及してから登場したと思われがちですが、違います。ネットがなかった時代から、いまと同じような活動をしてた人たちはいたのです。

たとえば、芸能人がテレビで気に食わない政治発言をしたことに腹を立てた視聴者が、番組のスポンサー企業に電話してあのタレントを降ろせ、などと攻撃する手法、最近では電凸などと呼ばれますが、これは昭和時代からありました。現代のネトウヨは、先輩たちの伝統的な手法を受け継いでいるだけなんです。

†政治批判は多いほどよい

むかしよりもその手の人たちが増えたのでしょうか。それを裏づける証拠はどこにもありません。彼らは声がデカいので、少数でも目立つのです。

その一方で、政治的な発言をする芸能人は、むかしより確実に減りました。激減といっても大げさではないでしょう。

ピークだったのは、日本社会全体が政治の季節と呼ぶに相応しい時代だった六〇年代。そのころには、政治発言や権力批判を堂々と口にしたり、政治デモに参加したりする芸能人がたくさんいました。七〇年代以降、世間の政治熱は冷めて、八〇年代になると政治を語るのはダサいという風潮が強まります。芸能人も大衆と同じ流れに乗りました。その傾向が長く続いた結果、二〇〇〇年代に入ると芸能人の政治発言はほぼタブー、みたいな空気が支配的になりました。田中康夫さんは二〇〇四年に『SPA!』掲載のコラムで、トム・ヨーク（イギリスのミュージシャン）は政治家を堂々と批判してるのに、日本のタレントは政治を語らない、と嘆いてます。

最近でも、アメリカの十代のミュージシャン、ビリー・アイリッシュさんはトランプ政権を強く批判してました。欧米では若いタレントでも政治をあたりまえのように語るので、比較すると余計に日本の特殊性が際立ってしまいます。

だからといって、日本だけに過激な保守層がたくさんいるわけでもありません。日本では二〇〇〇年代以降、公の場やメディアで政治発言・政権批判を口にする芸能人・有名人が激減したために、少数の過激な保守層の発言が相対的に目立つようになり、穏健派の保守もそっちの流れに引きこまれてしまってるのです。

民主主義国家では、政治批判や政治風刺をするのは自由です。国民にはその権利が保証されてます。もちろんそれは芸能人にも適用されます。影響力のある芸能人だから政治批判を口にすべきではない、などという人がいますけど、それはとんでもないデタラメです。有名人だから政治発言をしてはいけない、なんてのは職業による差別です。

私は現代日本の芸能人および一般大衆に、政治批判はタブーではないですよ、とあらためて申し上げたいのです。政治や政権に不満があるのなら、どんどん発言してください。発言者が少なくなると、一部の勇気ある人だけが集中的に標的とされます。これこそまさに政治批判を封じたい連中の思うツボ。政治発言をする人は多ければ多いほどいいのです。発言者がたくさんいれば、暴力で発言を封じることは難しくなります。数人なら脅しで黙らせることができますが、何百、何千の口をふさぐのは容易ではありません。

政治批判を口にすることをためらっている芸能人と一般人のみなさんに、少しでも勇気をもってもらうために、過去の芸能人がどれだけおおっぴらに政治批判や政治風刺をしていたか、実例をてんこ盛りで紹介しながら、歴史をひもといて行きましょう。

†首相と芸能人の懇談会

招待客の人選や経費の支出で疑惑が取りざたされて一時中止となった「桜を見る会」。コロナ禍で中止が続いてますが、長年にわたってこの催しは総理大臣と芸能人・文化人の懇談会としておなじみでした。でも同様の趣旨の催しが、以前にもうひとつあったことは、忘れられてます。

それは首相官邸に一流売れっ子芸能人・文化人を招待する「芸能文化関係者との懇談会」みたいな名称の会で……みたいな、とあいまいなのは、正式名称が「懇親会」だの「つどい」だのと、何度も変更されてるからです。なので、いつ始まっていつ終わったのか、ハッキリしません。

桜を見る会と趣旨が被《かぶ》るので、おそらく、懇談会のほうが不要と判断されて、だんだんフェードアウトしていったのではないでしょうか。はじまりに関しては、私が調べたかぎりでは一九六〇年の年明け早々、一月一三日に岸首相が開催したことを報じた新聞記事がもっとも古いものでした。たぶんこれが最初だろうと思うのですが、どんな様子だったかまでは記されてないところを見ると、マスコミの注目度は低かったようです。

懇談会について最初に詳しく記事にしたのは、一九六四年の『週刊新潮』。時の首相は池田勇人。しかし懇談会開催の直前に発売された号なので、会の様子がレポートされてるのではありません。

じゃあなんの記事かといいますと、この前年の会が、八〇〇人あまりが出席する盛大なものになったことを受け、今年はいったい誰が呼ばれ、誰が落とされたのかと、まるで紅白歌合戦の当落を報じるような内容になってます。

この年招待されたのは前年を上回る一二〇〇人。渡辺プロからは梓みちよさんが招待されました。しかし渡辺プロの副社長は、みちよちゃんが呼ばれたのはうれしいけど、うちには他にも優秀なタレントが大勢いるのになぜ呼ばれないのかと不満を漏らします。芸能人のことなど知らない年とった人が選んでるのかしら。クレージーだって呼ばれてもいいのに、とおっしゃいますが、クレージーキャッツが呼ばれるはずがありません。なぜならこのころ、テレビで『おとなの漫画』という政治社会風刺コント番組をやっていたから。しかも、これについてはのちほど詳しく説明しますが、安保闘争のコントで自民党議員たちの逆鱗《げきりん》に触れ、テレビ局の社長が国会に呼び出された「前科」まであるのです。

クレージーキャッツのリーダー、ハナ肇は「政治的配慮もあるかもしれませんね。風刺もほどほどにしろってことかな……よばれないからって『おとなの漫画』をやめようとは思わないな。よばれたなんてことで、自分のランクが上がったように思うのは、そりゃ錯覚ですからね」と、控えめながら毒のあるコメント。

コメディアンの三木のり平はもっと辛辣です。「総理が自分を直接見て選んだわけじゃない。うちの孫があんたの桃屋のコマーシャルをよく見てるんだよ、なんていわれるくらいでしょう。それをぺこぺこして、ありがとうございますなんて頭下げてね、いやだな、そんなの」。

懇談会は、ときの総理大臣に直接もの申せる貴重な機会とあって、総理に辛口の意見をぶつける勇気ある出席者は年々増えていきます。

六五年の懇談会では、歌謡曲にも詳しいところを見せようとイキって生半可な知識をひけらかした佐藤首相が墓穴を掘るはめに。

「戦前では〝酒は涙か〟最近では〝松の木小唄〟など二拍子の歌がはやっている。二拍子の歌が流行するときは不景気といわれるが、どうか明るい歌を作ってほしい」

するとその場にいあわせた招待客のひとり、「酒は涙か溜息か」の作曲者、古賀政男が斬り返します。

「不景気や社会が暗いのは、元をただせば政治が悪いから。どうぞ明るい社会を作る政治を」

うまいっ。このエピソードを報じた『読売新聞』記事はここで終わってるので、その場の反応と首相の表情がどんなだったかは知るよしもありませんが、きっと拍手と笑いで場がわいたことでしょう。

六六年も主催者は佐藤首相。この日は俳優の森繁久彌が笑いも忖度《そんたく》も抜きでマジメに直言します。

「どこをうつのかわからない自衛隊の飛行機や戦車、潜水艦などを倹約して、文化のためにもっと金をだしてほしい」

七六年はロッキード事件をめぐって国会が空転するなかでの開催になりました。女優の森光子に、ロッキード疑惑を今までのようにウヤムヤにしないで追及してほしいと注文された三木首相は一瞬、驚いた表情を浮かべます。日本を代表するお母さん役女優のイメージが強かった森の口から、こんなストレートな政治批判が出たことに意表を突かれたのでしょうか。こうした席だから申し上げませんが、真相を徹底的にあきらかにしたい、とやんわり答えてその場をしのいだ三木でした。

このように、六〇年代・七〇年代には有名一流芸能人・文化人も平気で総理大臣に政治批判の言葉を投げかけていたことがわかります。ここで引用した懇談会の模様はすべて『読売新聞』の記事として報じられたものなので、広く世間に知れ渡っていたはずです。それでも当時、政治批判をしたことで芸能人が執拗に叩かれるような事態にはなってません。

†和やかになっていく八〇年代以降

では八〇年代の様子を覗いてみましょう。八三年、中曽根首相開催の懇談会の模様を『噂の真相』誌上で田中政和さんが詳細かつ辛辣にレポートしています。

懇談会の総合司会は扇千景さん。のちに国土交通大臣や参議院議長にまで出世されたかたですが、このころはまだ一期目の新人タレント議員扱いだったので、司会役くらいしか任されなかったのでしょう。

扇さんの「お待たせいたしました。ただ今より、中曽根康弘内閣総理大臣が皆さまの前でご挨拶《あいさつ》申し上げます」との呼び込みで中曽根首相が登壇します。日頃のタカ派イメージを打ち消すかのごとく、終始にこやかな表情で花と緑の運動などソフトな話題に終始する様子を、筆者の田中さんはまるで小学生相手の校長先生のようだと評します。

その他数名のあいさつののち乾杯の音頭がとられると、ご歓談タイム。総理が次から次へと芸能人のもとへ行き愛嬌を振りまきます。取材陣はそれを囲んで撮影しまくります。

政治批判を総理にぶつけて反応を引き出そうなどと考える者は、もう誰ひとりとしていません。政治への無関心が進んだのが八〇年代の日本です。政治家も芸能人も、なかよしこよしで自分の好感度を高めるアピールにしか興味がありません。

この日のハイライトと目されていたのが、中曽根首相と横浜銀蝿のご対面。横浜銀蝿は暴走族のような見た目でロックンロールを演奏するのをウリとした、当時のツッパリブームを牽引した人気ロックバンドです。そんな反社会的イメージの彼らが懇談会に招待されたことだけでも驚きですが、いつもどおりのグラサン・革ジャンスタイルで乗り込んだコワモテの彼らがいよいよ総理大臣と向き合うと、周囲に緊張が走ります。いったいどんな啖呵《たんか》を切るのか、首相にガンを飛ばすのか（関西風にいえば、メンチ切るのか）。参加者と取材陣が固唾《かたず》を呑んで見守るなかで彼らが口を開きます。

「ロックは別に反体制ではないから、大人の人たちに少しでもロックをわかってもらえてうれしい」

……え、ウソでしょ？

「落ちこぼれをなくすため教育をもう少し考えて欲しい」

ちょっと待ってくれよ、なんだよその日和《ひよ》ったセリフは。ツッパることが勲章なんじゃねえのかよ、どうしちまったんだ、アニキたち！

彼らの言葉を聞いた中曽根首相は、「君たちはナイスボーイ」と声をかけ、固い握手を交わすと、急ぎ足で他の芸能人のテーブルへと向かいました。

レポートした田中さんは、対話のセリフは事前にシナリオが作ってあったのじゃないかと、この健全すぎて不自然な対話劇をいぶかしみます。
まあ、横浜銀蠅のメンバーはみんな大卒か大学中退で、芸能活動のためのビジネスツッパリだったという話は有名なのでいまさら驚きはしません。ともあれ、七〇年代までは総理に直接意見できる喧嘩上等の場だった懇談会が、八〇年代には毒にも薬にもならない和やかなパーティーに成り下がってしまったのは、哀しい現実です。

この後も、芸能人の政治への無関心と政治発言の減少は進みます。政治を語る芸能人が珍しくなった結果、その空白を埋める役割を期待されたのがビートたけしさんだったのでしょう。一九九〇年ごろから、たけしさんによる政治・社会ネタが各誌に掲載される機会が増えていきます。
とはいえ一九九〇年代後半までは、少ないながらも芸能人の政治発言はありましたし、世間は彼らの政治批判にまだまだ寛容だったのです。その一例をお見せします。『週刊女性』九七年一二月九日号に掲載された、ある女性タレントによる激辛政治批判。

生理的に嫌なのは中曽根康弘さん。あのバーコード。無理やり作ってるって感じしません？　若いときはまだ分け目もはっきり中央寄りだったのが、今では横から無理やりって感じで、風呂上がりは見たくない。

それから、あの総務長官を嫌々降りた佐藤孝行氏。テレビの受け答えを見て、あっ、こんなバカな人が政治家になっているんだって思いましたよ。そのときは、後ろから行ってスリッパでパッカーン！　って叩きたくなりました。

なんかあると派閥、派閥って。そんなことだから昔の政治をいつまでも引きずって、決していい方向に進まないんじゃないかなあ。……そんな政治家なんて、関心もありません。

どうですか。九〇年代までは、タレントのこんな過激な発言が雑誌に載っても黙認されてたんです。それが近頃ときたら、俳優がインタビューで自民党政治家を軽く揶揄するだけで、保守系ジャーナリストが過敏に反応して嚙みついてきます。首相のヘアスタイルをイジるなんて、いまなら間違いなく、自民党の熱心な支持者たちから反日・国賊扱いされますね。

え？　こんな過激な悪口で自民党の政治家をコケにした無礼者は許せない？　その女性

タレントとやらの名前を明かせ？　そうですか、じゃあ明かしますけど、穏便にお願いしますよ。ネットで炎上させたり、保守系メディアで叩いたりするのは御遠慮ください。えー、この発言の主は、三原じゅん子さんです。

大丈夫ですか？　ビックリして腰を抜かした人やアゴがはずれた人は、早いとこ病院に行ってください。

そうなんです。いまや自民党所属の国会議員で厚生労働副大臣までつとめた、あの三原じゅん子さんその人です。横浜銀蝿と同時期に、やはり不良っぽいイメージで芸能活動をしていたことを、平成生まれの世代はご存じないのかなぁ。

逆に私としては、過去の自民バッシングを不問に付して公認候補にした自民党の寛容さにビックリしました。まあ、三原さんが出馬したのは二〇一〇年なので、自民党の人たちが過去の発言に気づかなかっただけなのかもしれませんけど。

†『日曜娯楽版』への弾圧

さて、ここいらで終戦直後まで時代をさかのぼりたいと思います。戦後日本の歴史の流れに沿いながら、政治発言・政治風刺をめぐる芸能人と政治家の闘いを振り返っていきましょう。

日本で芸能人の政治風刺が弾圧されたもっとも有名な例といったら『日曜娯楽版』の件。これをはずすわけにはいきません。

『日曜娯楽版』は戦後まもない一九四七（昭和二二）年にはじまったＮＨＫラジオ番組です。三木鶏郎を中心とした作家・役者・音楽家のグループが披露する痛烈な政治風刺コントと軽快な歌がウリのバラエティで、聴取率が七〇％を超えたこともある国民的人気番組となりました。

三木鶏郎、はもちろん芸名です。当時の大衆から親しみを込めて呼ばれていたトリローというあだ名を、私も本稿で使いたいと思います。野球選手のイチローさんをいまさら鈴木さんって呼ぶのには抵抗を感じますよね。萩本欽一さんも、幼少時から見ていた私の世代にとっては欽ちゃんなんです。萩本さんではしっくりきません。そんなわけで、三木鶏郎を以後、トリローと表記させてもらいます。

トリローは一九一四年生まれ。幼少時からピアノなどに親しみ音楽の才を発揮しますが、父親が弁護士だったこともあり、東大の法科を卒業します。しかし弁護士の道には進まずに、卒業後は肥料製造会社の日産化学に就職してサラリーマンになります。戦争中は入隊しますが経理部配属だったため戦場には出てません。

戦争が終わり、軍を放り出されたトリローは、日産化学に再雇用してもらおうと、銀座の三越に行きました。なぜデパートの三越へ？　三越の建物は戦災をまぬがれたのですが、終戦直後で売るものなんてありゃしません。そこでほとんどのフロアを事務所として貸してまして、日産化学の事務所はその最上階にあったのでした。

訪れると幸運なことに、以前勤務してた工場の工場長に会えました。しかも重役に出世してたので話は早い。とりあえず復職届を出しておきたまえとうながされ、別室で記入していると、ブラスバンドの演奏が聞こえてきました。廊下に出て吹き抜けを覗くと、一階でアメリカのマーチなどを演奏しながら楽隊が町へ繰り出すところだったのです。

音楽好きの血が騒いだトリローは、書きかけの復職届を捨てて、音楽の仕事で食っていこうと決意します。このときすでに三〇歳だったそうなので、むかしではけっこう珍しいモラトリアム気質の人だったんですね。

音楽雑誌の仕事を通じてツテのできたＮＨＫの音楽部長に自作の歌を売り込んだところ即採用。歌手がいないからこれキミが歌ってくれと頼まれて、曲だけでは尺が足りなかったため合間に政治風刺小咄を挟んだら、それが評判を呼び、とんとん拍子で『日曜娯楽版』へとつながっていきます。

風刺というのは権威や権力者に向けられるもの。弱者を叩くのは風刺とはいいません。

それはイヤミかファシズムです。そういうわけで当然ながら、番組のキツい政治風刺のほとんどは政権与党に向けられます。なので庶民の支持が高まれば高まるほど、与党の政治家たちの怒りを買うことになります。なかでも風刺対象となることが一番多かった吉田茂首相は、相当はらわた煮えくりかえってたようだと伝えられてます。

当時日本のラジオ番組を検閲していたのはGHQでした。番組にとっては敵になりそうな感じです。実際、放送開始当初は検閲で注文がついたこともあったのですが、途中から検閲官になった日系人のフランク馬場は、とてもエンターテインメントに理解のある人で、『日曜娯楽版』は日本庶民のガス抜きとして必要だと擁護し、ほぼ自由にやらせてくれたのです。彼が盾になってくれたおかげで、番組を敵視する日本の政治家たちは手が出せませんでした。

風向きが変わったのは一九五二年。日本が主権を取り戻し独立国家となったことで、放送業務の監督権も日本政府に引き継がれます。するとまたたく間に『日曜娯楽版』は潰されたのです。吉田茂の鶴の一声だったとの説までは真偽の確かめようがないのですが、聴取率の高い人気番組が突然終了に追い込まれるだなんて、露骨な弾圧以外の何物でもないことは、だれの目にも明らかでした。

このときはNHK側の計らいで、トリローら作家陣による風刺コントのコーナーをリスナーからの投稿（川柳や小咄）コーナーに変え、トリローらは歌と演奏パートだけの担当とすることで、政治風刺色を薄めた春風のように心地よい新番組『ユーモア劇場』として続行されることになりました。

番組リニューアル直後は、トリローらの持ち味が薄れたことにがっかりした多くのリスナーが離れていきました。政治家たちは、してやったりとほくそ笑んだことでしょう。でもシロウトをなめちゃいけません。リスナーのなかから才能ある者たちが、次々に頭角を現しはじめます。投稿の風刺レベルがどんどん上がるにつれて番組の人気もV字回復。何度も面白いネタを投稿している常連には、番組制作のスタッフに加わらないかとスカウトの声がかかりました。永六輔もそのひとりだったとか。高校時代から投稿をはじめ、何度も採用される常連になりました。採用されるとお金がもらえたので、もっとも率のいいアルバイトだったと著書で述懐しています。それがいつのまにか本職になったわけですが、ラジオ番組に熱心にネタを投稿する、いわゆるハガキ職人が放送作家になる道筋は、このころからすでにあったんですね。

そうした優秀なブレーンが加わったことで、五三年四月ごろからは、リスナーからの投稿に作家たちが書いたネタも混ぜて放送されていたことを、トリローがのちにバラしてます。

二度目の逆風が吹いたのは一九五四（昭和二九）年のことでした。五四年の六月一三日の放送をもって、『日曜娯楽版』から『ユーモア劇場』へと受け継がれた政治風刺番組の灯は今度こそ消えました。

そのきっかけとなったのは、造船疑獄。「疑獄」は明治以降、おもに政治家の汚職事件を指す言葉としてごく普通に使われてきましたが、字面が禍々《まがまが》しく思われてきたのか、一九八九年のリクルート疑獄、九二年の佐川急便疑獄あたりを最後に、ほとんど使われなくなりました。

いまとなっては知る人も少なくなった造船疑獄ですが、戦後日本の三大政治汚職のひとつに数える人もいるくらいで、当時は日本中が大騒ぎになった事件だったのです。

そんな重要な事件だったのになぜ忘れられてるのか。それは、現役の大物政治家を含む多数の関係者が取り調べを受けたものの、逮捕されて有罪になったのは末端の数人だけにとどまったからです。

ジャーナリストの室伏哲郎は、戦後の政治汚職事件を概説した著書『戦後疑獄』で造船疑獄を苦々しく振り返ります。日本が国家として独立をはたして最初の大規模汚職事件捜査だったことで検察は相当頑張ったけれど、政治の腐敗を糾明できないという暗い先例を残してしまった、と。実際、恐ろしいことにこのあと日本の国会議員が汚職の容疑で逮捕されることはほぼなくなりました。唯一の例外がロッキード事件です。

造船疑獄についてイチから説明すると何十ページにもなってしまうので、概要だけをはしょってお話しします。まだ海運業が流通や経済の要だった昭和二〇年代。日本は戦争で多くの船を失ったため、船を大量に造ることが急務でした。そこで国は計画的に造船をするために造船業者に多額の補助金を出しました。その補助金の割り当てをめぐり、政治家と運輸省の役人に対し、業者からワイロやリベートが飛び交っていたのです。

しかし朝鮮戦争が停戦になると特需が終わり、造船業界は一転して不景気に見舞われます。すると今度は、経営が悪化した造船業者のために国は救済金を用意します。そういった造船関連の補助金や救済金のうち、一六〇〇億円以上が使途不明金となっていることが判明し、検察が本格的に捜査に乗り出します。その過程で多くの政治家や造船会社関係者、運輸省の役人らが取り調べを受けました。

『ユーモア劇場』への投稿も、造船疑獄を風刺するネタ一色に染まります。政治色を薄めたといっても、連日大量の投稿が届く国民的関心事を、番組としてもさすがにすべてスルーはできません。

犯罪の陰に国会議員あり、などと茶化す風刺ネタが毎週のように放送されたことで腹を立てた政治家たちによる締めつけ、いやがらせがはじまったのが、五四年三月頃のことでした。

放送を監督する立場の塚田郵政大臣は談話を発表。放送法を改正し、NHKが国策を国民に徹底して伝えるような性格に変えたい。最近のNHKは国会と政府をからかっているという意見が閣僚の間で出る。NHKの聴取料値上げ申請についても、いまのような放送内容では値上げに応じるべきではないとの意見がある……などと威嚇しています。

からかわれるような悪いことをやってる自分らがいけないのにね。その疑惑をきちんと否定するのでなく、逆ギレしてるのだからタチが悪い。

『産経新聞』(一九五四年三月一〇日)はNHK聴取料値上げ問題を審議した自由党総務会での発言を記事にしてます。

「政府、政党政治家をコッピドクやっつけるような番組を平気で放送するNHKは怪しからぬ」

「(昨夜ラジオで)〝ユーモア劇場〟という政府、政治家を罵倒する放送をやっていた。そんなNHKの値上げを認める必要はなかろう」

批判に正々堂々と反論するのではなく、批判する者を悪として一方的に叩く強硬意見が飛び交った事実を記者から伝えられたトリローのコメントが、こちら。

「自由党も少しヤキがまわりましたナ、この番組は国民の政府に対する苦情、意見だ、これをまともに聞かないでヤキモチやくのはどうかと思いますナ」

さらなる挑発に激怒した政治家たちはさっそくNHKに圧力をかけたのでしょう。三月一四日放送分の『ユーモア劇場』は内容を急遽大幅に変更し、風刺なしの「健全な」音楽番組として放送されました。

この内容差し替えが政府からの圧力によるものではないかと疑ったマスコミ各社が議員や官僚に取材したものの、圧力をかけたなどと認めるわけがありません。圧力をかけて番組内容を変えさせたとなれば放送法違反です。犯罪です。なので誰もが判で押したように、NHKが自発的に番組内容を変更したのだ、とうそぶくばかり。

民放各局は、NHKの弱腰姿勢を批判します。コメディアンの榎本健一は、こんなことで政治的に干渉されるのは放送の自由、芸人の芸を通して訴える思想を無視されることだと政府のやり口をキビシく批判。俳優の森繁久彌も、あの番組程度で問題なら新聞の政治風刺漫画はどうなるのか。私たちこそ政府に抗議したいのに、政府が抗議してくるなんてよのなか逆さになった、と皮肉の針を刺してます。

そして渦中のトリローはというと、雲隠れしてしまいます。抗議の意味だったと思われますが、コワくなったせいもあったのではないでしょうか。このしばらく前、劇作家・中村正常からトリローの身を案ずる電話がかかってきたそうです。なにか起こるかもしれない、暴力団に注意したほうがいい、と。正常は『ユーモア劇場』の出演者だったタレント・中村メイコさんの父親です。戦前派のもの書きとしては、いのちを奪われるほどの凄絶な言論弾圧があった時代を目にしてきたからこそ、政府のきな臭い動きを警告せずにはいられなかったのでしょう。

トリローはNHK側と交渉し、自主検閲をゆるめ制作者の自由を尊重するという条件を引き出したことで、間もなく復帰。番組も続行されることになります。

三月二七日にトリローは国会に参考人として召喚されます。参議院の電通委員会で、政治的な圧力があったのかとの質問に、圧力があったという事実をあげることはできないが、やっぱり感じますね、と答えました。それに続けて、国会では議員が盛んにヤジをとばしてるが、国民は国会でヤジをとばすことはできない。だからラジオでやってるのだ。もっといいヤジを飛ばすようボクも勉強します、と得意の皮肉で応酬したのでした。

造船疑獄の解明はなかなか進まず、世間にいらだちと不信感がくすぶり続けていたなか、

図８　トリロー国会に召喚される（『朝日新聞』1954年３月28日付）

四月二一日に起きた事態が、国民の怒りの火に油を注ぎます。

自由党の幹事長でのちに総理大臣になる佐藤栄作も、疑獄に関与していた容疑でしばらく前から取り調べを受けてました。検察は連日にわたる取り調べの末、ついに佐藤の逮捕許諾要求に踏み切ります。ところがその要求を、犬養法務大臣が指揮権発動という伝家の宝刀を抜いて差し止めたのです。佐藤栄作は現在、国会で重要な法案を審議中だからとの理由で。その直後、犬養が法務大臣を辞職することで、政治責任は果たされたのでした。これにて一件落着。

……バカにしてんのか！　さすがに、それで納得するほど日本国民はお人好しではありませんでした。国民の怒りは頂点に達します。戦後に政治家が逮捕されない法律ができたのは、政治犯の容疑で野党の政治家が弾圧されないための措置だろうが！　汚職のような刑事犯罪で政権与党が不逮捕特権を行使するなんて前代未聞だ！

この日から、『ユーモア劇場』への投稿が激増しました。むろん、佐藤の不逮捕を風刺するネタばかり。四月二五日に放送された風刺ネタのひとつがこれ。

「黒いサトウにいろいろ加工すれば白ザトウができる　自由セイトウ株式会社」

これは多くの新聞雑誌に引用されて拡散しました。どうやらそれで佐藤栄作の堪忍袋の緒が切れて、ＮＨＫに強烈な圧力をかけたのだろうというのが、トリローら関係者の一致した見かたです。というのも、この翌週から放送内容がガラリと変更されたからです。番組内容を検証した『読売新聞』（五月二八日付夕刊）は、四月二五日の放送では政権風刺のネタが三〇本以上放送されてたのに、翌週からはヒトケタに激減していることを指摘して、NHKによる指揮権発動とからかってます。さらに、番組でボツにされて放送されなかった投稿ネタを数十本まとめて掲載しています。おそらく憤懣やるかたない番組スタッフが記者にリークしたのでしょう。

トリローらスタッフの抗議もむなしく、NHK側の検閲はいや増すばかり。これ以降、政治ネタはほとんどカットされた骨抜き放送が続いたあげく、ついに一九五四年六月一三日の放送をもって番組は完全終了と相成りました。

戦後まもなく、新たな日本の民主主義と自由な言論を象徴するかのような番組として始まり、幾多の妨害を乗り越えて続いてきた『日曜娯楽版』『ユーモア劇場』はここに幕を下ろしたのです。

トリローたちは戦いに敗れましたが、彼らの戦いは決して無意味ではありませんでした。番組は新たな放送作家たちの才能を発掘しましたし、影響を受けた若いリスナーたちは、一九六〇年代のテレビ・ラジオでスタッフ・演者となって風刺精神を引き継いでいったの

社説

「ユーモア劇場」と大衆の心理

NHKの大衆番組「ユーモア劇場」がいよいよNHK自身の手によってパージされるという皮肉な運命に追いこまれている。（本紙報道）

同放送が「日曜娯楽版」の名で終戦後の大衆心理を鋭い風刺で代表し、その共感を得ていたことは記憶にあらただが、その後政府、国会方面からの政治的圧力によって圧迫を受け、去る三月には遂に国会の問題となって「ユーモア劇場」として骨抜きになっている同番組は低調無意味なものになってしまった。更にこれだけでなく、NHKでは同番組の演出者を外遊さすことにしてこの放送に終止符を打とうとしている。

この番組のなかには聴いていて高い民衆によるユーモアを求めることが出来ない面もあったかも知れない。しかし大衆の心理は率直簡明な風刺を求めているのである。NHKが今春料金値上げを企画したとき、塚田郵政相は大阪で「"ユーモア劇場"は国会をからかっている。こんな放送をやるなら値上げを認むべきではないという声が政党の間にある」と語っているが、政府や政党がこの番組を目のカタキにし、NHKがこの強迫に屈服するなどははなはだしく国民大衆を侮辱するものである。

国民大衆の風刺による「笑い」というものが権力者の一方的な打算によって追放されるとするならば、国民大衆は「笑い」を「あきらめ」の方向に持ってゆく。ここにかえって政治への無言の否定がある。このようなことに政府ましてや政党の人々が無感覚でいるならば、やがて国民大衆から政治は顔をそむけられてしまう。

かつて太平洋戦争時代には国民大衆の笑いはおろか風刺など一切が禁じられていた。

今回のことは、たとえ、それが小事件でも言論圧迫のキザシである。NHKが政府の干渉に唯々として頭を下げ、国民大衆の言わんとするところ、聴かんとすることに弱腰であり自主性さえないといわれてもやむを得ないことだ。「ユーモア劇場」には週に千五百通の投書があると演出者は語っているが、これだけの人々の関心を決して軽くみるべきではない。

封建制の最も色濃かった徳川時代でさえ幕府は市井に「目安箱」なる制度を設け国民大衆の声である投書を許しており、ちまたに書かれた落首川柳に反省の機をつかもうとした政治家も多かった。それが民主主義国家と称する今日の日本で、こんなインケンな方法で言論の拘束をするとすれば、まさに徳川の天下に還ったといわなければならない。まことに怖るべき文化の退歩である。ユーモアのない国家のほとんどが滅びていることは古今東西の歴史が証明している。風刺は社会哲学であり、ユーモアは時に民衆の文明批評である。こうした一切の文化的要素を追放しようとする権力者の感覚こそ民衆への反逆であり、彼等のいう言論の自由は明らかなマンチャクである。

NHKは聴取料値上げで自由を売ろうとするのか。こうした番組はどしどし民間放送で行うようにしたらどうか。政府から圧迫があってもポマードは売れるであろう。

自由の弾圧が準備されつつある今日、国民は率直な人間の声に飢えている。ユーモアや風刺は、偽善な社会や、正装した政治の暴力化への防壁である。

われわれの怖れるのは、このような抑圧によって国民が卑屈になり、次に来る謀略的な言論圧迫に対しても理性を眠らされた盲目の「良民」に化してしまうことである。

図９　「ユーモア劇場」を擁護する社説（『読売新聞』1954年５月30日付）

です。

†弾圧の真相

番組終了の経緯に関して異論が唱えられてるので、いちおう紹介しておきます。ジャーナリストの武田徹さんは著書『NHK問題』で『日曜娯楽版』『ユーモア劇場』の件を取りあげているのですが、政府からの圧力は実際にはほとんどなくて、どちらかというと三木鶏郎がマンネリに飽きて自発的に番組をやめた、みたいな見かたもできるのでは、と主張してます。

私は、そう解釈する余地はまったくないと思います。私が調べた資料とほぼ同じものを武田さんも読んだはずですが、それらの資料から伝わってくるのは、度重なる圧力に怒りまくっているトリローの心情です。トリローの怒りはすべてウソだったというのでしょうか？　圧力はなかったなんて読み解くのはムリがありすぎます。

今回この件を調査するにあたっては、トリローの発言の裏を取るために新聞記事を拾い集めて確認する手間が不要でした。なぜなら、そういった参考資料となる新聞記事もすべて、降板した直後に出版された回想録『冗談十年』に収録されていたからです。

この本は、番組終了直後に出版社から持ち込まれた企画で、長年にわたって雑誌などに発表してきた大量のコラムをまとめたものですが、番組への圧力に抗うトリローに味方してくれたマスコミ記事の大半も収録されてます。トリロー自身がスクラップしていたのか、編集者が集めたのかは定かでありませんが、番組に飽きて自分から辞めた人が、こんな恨みつらみのこもった本を出すわけがありません。

当時NHKの会長だった古垣鉄郎が記者に質問されて、政府の弾圧ではなくユーモアが高尚でないから自発的に番組を打ち切ったと答えたのを全面的に信じるのですか？　その直後に古垣は会長を辞職してますが、それも圧力とは無関係だったとおっしゃる？

その答えは『三木鶏郎回想録2　冗談音楽スケルツォ』のなかにありました。『ユーモア劇場』終了からおよそ三〇年後。トリローは病院の待合室で偶然、古垣と再会します。お互い年を取って、カラダにガタがきてますなあ、みたいな世間話をしたついでに、トリローはズバリ真相に斬り込んだのです。

「あの時のことで、お聞きしたいことがあるんですが」
「あれは苦労したよ、私は三木くんのおかげでNHK会長をクビになったよ」
「クビにするなんて文句を言ってきた相手はいったい誰だったんです？」
「佐藤栄作幹事長自身さ」

佐藤からの電話一本で古垣のクビがとんだのは事実だったと、当事者が証言したのです。でもそれ以上詳しいことは話してもらえなかったようですし、それからまもなく古垣は亡くなってしまったので、追究する機会も失われました。

そのとき電話で佐藤は、スゴい剣幕でキミはクビだ！ と怒鳴ったのか。はたまた、ねっちりと不気味に脅迫したのか。トリローは推測するよりなかったと書いてます。しかもこの本も、トリローの遺作となってしまったのでした。

†クレージーキャッツと森繁の場合

一九六〇年代前半の日本を席巻《せっけん》した人気グループといえば、ハナ肇《はじめ》とクレージーキャッツ。彼らもまた政治家に怒られてます。というか正確には、テレビ局の人が怒られたのですが。

一九五九年のフジテレビ開局とほぼ同時に始まった『おとなの漫画』は、お昼の時間帯に日曜以外毎日、生放送で五分程度の風刺コントをやるという、いまではちょっとありえないフォーマットで、番組自体がまさにクレージーでした（クレージーキャッツが売れて多忙になった数年後から収録になりました）。

クレージーキャッツも脚本の青島幸男もまだ無名だったので、毎日テレビ局に通わせる無茶な企画が実現できたのです。そんな彼らの才能を見抜いて起用し、番組を立ち上げたのは、フジテレビのディレクターだった椙山《すぎやま》浩一さん。ん？　どっかで聞いた名前……そうです、のちに作曲家になる、すぎやまこういちさんでした。晩年はごりごりの保守として有名なかたでしたけど、若き日にはトガりまくった政治風刺番組を企画してたのだから、わからんものです。なんだろ、人間、成功してお金持ちになると保守的になるのかしら。

それはともかく、問題となったのは一九六〇年頃から激化した安保反対デモをネタにしたコントでした。デモ隊役の植木等と警官隊役のハナ肇が鉢合わせして、「あれ？　兄貴じゃねえか」「なんだお前か」と、二人が兄弟であることがわかり、オレが一生懸命警官やって働いてお前を大学に入れてやったのに、なにしてやがんだ、みたいな兄弟ゲンカになる流れだったのですが、この日はコントの尺が短すぎて放送時間が余る、生放送ならではのハプニングが起きてしまいます。

あわてたスタッフが引き延ばせと指示を出します。二人がアドリブでやりとりをしてるうちに、ノッてきたハナ肇が「オレだって本当は警官なんかしたくねえんだ！」と制服を脱いでデモに加わるという、即興の風刺コントとしては上出来のオチになったのですが、これをテレビで見ていた自民党議員が問題にしたのです。警官がデモ隊といっしょになるなんて、ゆゆしき治安問題である！
フジテレビのおエラいさんが国会に呼び出され、すぎやまさんもあとで叱られました。このときフジの上層部では番組打ち切りの話まで出たそうですが、結果的に『おとなの漫画』は六年近く続くことになります。

一九六六年、首相公邸での懇談会で森繁久彌が佐藤首相に面と向かって政治批判をしたエピソードはすでにお話ししましたが、その前年一九六五年の一〇月に森繁は『佐藤総理を囲んで』というテレビ番組に出演したときにもキツい政治家批判をしてます。幹事長時代に造船疑獄容疑を乗り切った佐藤は、その後出世して総理の座に登り詰めたのです。なお、番組のこの回には森繁の他、ラジオパーソナリティとして人気だった秋山ちえ子も出演しています。

秋山「近ごろの青少年は政治家になり手がないといいますね」
森繁「それは理由がある。だいたい、政治家になる連中は少し知能指数が低いのじゃないか。選挙になるとタスキを肩からかけてペコペコ『お願いします。お願いします』だ。だから当選すると急にイバリたがるんだな」

秋山「あれはよほど勇気がないとできないでしょうね」
佐藤「私はタスキはかけたことはないが、たしかに政治家なんてのは、キミ、どこか狂ってないとできないと思うね」
森繁「いゃあ、役者もそうかも知れませんな」
秋山「ほんとに、お気の毒です」

政治家は知能指数が低いという森繁のストレートな悪口にも驚きますが、佐藤がそれに怒ったりたしなめたりすることなく、政治家はどこか狂ってるとブラックな悪ノリで返してるのにもビックリです。

なんか余裕ですね。幹事長時代に自分の汚職疑惑を風刺されたときには激怒して政治的圧力で人気番組を潰したのに、権力の頂点に君臨すればもう批判など気にかける必要もない、とばかりに態度を変えたのでしょうか。

右記の番組内容は波野拓郎の『知られざる放送』から引用したのですが、波野によると、森繁も秋山も自民党関連の懇談会などに何度も顔を出している自民党寄りの文化人だとのこと。自民党支持者なら、自民党政治家の皮肉や諷刺をいっても大目に見てもらえたってことでしょうか。

さまざまなメディアに載った森繁の言動を確認したところ、彼がもともと保守的な価値観の持ち主で、自民党の大物政治家との親交があったのは事実です。でも、自民党を支持すると明確に宣言した発言は見当たりません。自民政権の悪いところは悪いと指摘してるので、応援はするけど、ずぶずぶの関係ではなかったといえます。

だとすれば、それは芸能人の政治的スタンスとしては理想的とまではいわなくとも、常識的です。現に森繁が一般大衆から自民党との関係を批判されることはほとんどなかったようです。

このことを、おぼえておいてもらえますか。あとで前田武彦の話をするときに同様のケースが出てきますので。

それにしてもこの番組、ホントにテレビで放送されたの？　いまの人ならそう思いますよね。おそらく現在なら、「狂ってる」なんて首相の言葉には「ピー」って音が被せられるか、ばっさりカットされます。

じつは当時も、このくだりは放送されてません。この番組は放送前日に収録されたのですが、収録に立ち会っていた橋本官房長官の圧……いえ、強い要請によってカットされたのです。

放送でカットされた部分をなんで再現できたのか。その経緯も『知られざる放送』で詳しく解説されてます。

この番組は民放各局が持ち回りで制作し、隔月で各テレビ・ラジオ局とも同じ番組を放送することになってました。放送日の新聞のテレビ・ラジオ欄で、早朝から深夜まで、各局が時間をずらして同じ番組を放送していたことが確認できました。

この森繁出演回ですが、テレビは全局とも官房長官の要請を受け入れて、先ほどのブラックなくだりをカットしたバージョンを放送しました。しかし反抗的な局もありました。ラジオ局の文化放送とラジオ関東だけは、カット要請は総理本人からのものではないので従う義務はないとの判断で、カットせずに放送しました。それによって、政治圧力によってカットされた事実が翌日の新聞報道で公になったので、記録として残っているというわけです。

†六〇年代はトガッた時代

多くの芸能人が積極的に政治発言をするようになったのは一九六〇年ごろからでした。六〇年代といえば政治の季節。世界中で市民が政治に目覚め、政治活動に参加して、社会体制への不満と変革を訴えた時代です。

日本では、一九五九年・六〇年の日米安保反対闘争がきっかけとなり政治熱が一気に燃え上がりました。このころの雑誌には全般的に政治色の強い記事が目立ちます。たとえば『キネマ旬報』といえば現在も続く老舗映画批評雑誌ですが、そんなエンタメや芸術関連の雑誌でも、六〇年の一一月下旬号、一二月上旬号あたりをめくると政治絡みの論評の多いことに驚きます。

このころエンタメ界で安保闘争に熱心だったのは、新劇の役者や演出家たち。演劇関連の雑誌でも、彼らが安保反対デモに参加したことが記事になってます。デモ隊に暴力団が襲いかかってきても警察が見て見ぬフリをしたためにデモ参加者に負傷者が出たことへの抗議文が発表されたりと、政治色が強めです。

劇団四季に感動ミュージカル劇団のイメージしかお持ちでないいまのみなさんは驚くかもしれませんが、六〇年ごろの劇団四季は社会性の強い、かなりトガッた演劇をやっていたんです。石原慎太郎作『狼生きろ豚は死ね』、寺山修司作『血は立ったまま眠っている』、谷川俊太郎作『お芝居はおしまい』などタイトルを聞くだけでも内容の過激さが想像できます。

もちろん『キネマ旬報』は批評誌としての本分も忘れてません。時代を穿《うが》とうとする劇団四季の姿勢には共感できるものの、どの新作舞台もテーマを表現し切れていない、などと手厳しく批評しています。

他にも、この年一〇月に起きた社会党浅沼委員長刺殺事件を報道したテレビ局および視聴者の姿勢をめぐる賛否両論や、政治家が出演するテレビ討論会についてなど、映画から離れた演劇・テレビの話題まで載せているのがこの時期の特徴です。

昭和を代表する芸能情報週刊誌といえば『週刊明星』と『週刊平凡』。全盛期にはどちらも百万部を超えてたというんですから、ネットがなかった時代には、いかに紙媒体が頼りにされてたかがわかります。どちらも昭和の終焉とともに消えたものと思ってたのですが、『明星』は月刊誌としてまだ生き残ってると知って驚きました。

こんな芸能誌でさえ、六〇年代・七〇年代には政治・社会色の強いネタをしばしば取りあげてます。この時期の両誌は、芸能人の政治発言や政治参加に理解を示し、好意的に取りあげる記事が多かったのです。

一九六〇年六月二二日号の『週刊平凡』は、若い日本の会が主催した「民主主義を守る会」に多数の芸能人が参加した様子をレポートしています。

若い日本の会は、組織に属さない芸術家や芸能人たちが発言できる場を作ろうという、文芸評論家江藤淳の呼びかけに賛同した人たちによって結成された会です。メンバーの石原慎太郎さんや羽仁進さんらが企画したのが、民主主義を守る会と題されたこの日のイベントでした。

痛烈な社会風刺コント番組が大人気だったクレージーキャッツが風刺コントを披露して場を盛り上げ、永六輔、芳村真理さんをはじめとしたタレント、俳優、ミュージシャンなど名だたるスターたちが次から次へと壇上で民主主義の危機や安保反対を訴える、なんとも豪華な政治集会となりました。

石原慎太郎さんは弟の裕次郎さんにも参加を呼びかけてたそうですが、当日急に熱を出して欠席だったとか。記事の筆者は、裕次郎の初めての政治発言はお流れになったと残念がってますが、ホントに病気だったのかな？　めんどくさくなってバックレた可能性もなきにしもあらず。

選挙のたびに、裕次郎が自民党から出馬するとのウワサが絶えなかったのですが、周囲が勝手に盛り上がってただけで、ご本人が実際に出馬することはありませんでした。慎太郎さんがらみで選挙応援などはしてたけど、自分が直接政治に関わることは避けてたようなところがあります。『平凡パンチ』（一九七七年四月一一日）のインタビューでも、「政治家には全然興味ないなあ。参院選出馬なんて、まったくナシ」と断言してますし。

†タレント議員の誕生から隆盛まで

芸能人が政治発言や政治批判をおおっぴらにやりたいのなら、議員になるのが一番です。いわゆるタレント議員というやつですが、その第一号が誰だったのかは、諸説あります。第一号を特定しづらいのは、そもそもタレントという日本特有の肩書きの定義があいまいだからです。何をやってる人をタレントと呼ぶべきか、よくわかりません。

しかも選挙で当選してタレント議員と呼ばれるには、タレントとしての活動実績が広く知られていることが条件になります。まったく無名の自称歌手や自称お笑い芸人が議員になっても、タレント議員と呼ばれることはありません。

ある程度の知名度と人気を兼ね備えた芸能人が議員になった場合という定義を採用するなら、タレント議員第一号の最有力候補は講談師の伊藤痴遊です。東京府会議員を経て、一九二八（昭和三）年に行われた初の普通選挙に当選して衆議院議員になった人。

なので第一号は伊藤痴遊で確定としたいところですが、異論もあります。戦後初の衆院選で当選した石田一松をタレント議員第一号に推挙する人がいるのですが、うーん、どうでしょう。戦前戦後を分ける意味があるのか、疑問です。

石田一松も戦前からかなり有名だった芸人です。ジャンルでいうとバイオリン演歌師。

現在はほぼ絶滅してしまったジャンルですが、バイオリンを弾きながら政治・社会を風刺する歌を歌う芸風の人たちで、一番有名だったのは「のんき節」の作者、添田啞蟬坊。石田一松はその弟子で、子弟ともに人気者でした。

ただし、伊藤痴遊も石田一松も現役時代に「タレント議員」と呼ばれたことはないはずです。タレント議員というレッテルを実際に貼られた第一号は、一九六二（昭和三七）年の参院選全国区でトップ当選を果たした、藤原あきだと思われます。とくに秀でた芸を持つ人ではなかったようですが、NHKの人気クイズバラエティ『私の秘密』のレギュラー解答者として全国的な知名度がありました。なので、何やってるかよくわからないけど有名人という意味の日本語である「タレント」がもっともふさわしい人だったともいえます。

初期の頃からタレント候補、タレント議員をよく思わない人は大勢いました。評論家も一般市民もこぞって、ちょっと有名になったからっていい気になってタレントの分際でわかりもしない政治に首を突っ込みやがって、政治は政治のプロに任せとけばいいんだ、みたいなキビシい叩きかたをしてたものですが、藤原あきを擁立したのは政治のプロ中のプロである自民党でした。早くからタレント候補の擁立に積極的だったのは、なにを隠そう自民党だったのです。

本格的なタレント議員旋風が巻き起こったのは、一九六八（昭和四三）年のこと。この年の参院選で石原慎太郎、青島幸男、横山ノック、今東光、大松博文らが軒並み当選したことで、与野党ともにタレント候補を無視できなくなりました。それ以降、票と議席を獲得するために、どのタレントを候補として引っぱり出せば効果的か、選挙戦略として真剣に検討されるようになったのです。

自身もタレント議員として一期だけ活動していた落語家立川談志は、九五年の『宝石』で庶民がタレント議員を嫌う理由は嫉妬だと考察しています。

談志がいくら落語がうまくなったって、庶民は嫉妬しない。それはどこか芸能人・芸人を軽蔑する意識があって下に見てるからだ。しかし議員になってしまうと、なんであんな中学しか出てない落語家風情が政治家に、と嫉妬するのだ。

庶民心理の考察として、けっこう鋭いものがあると思います。

青島、ノックらタレント議員が誕生した直後に漫談家の牧伸二が『サンデー毎日』の取材に答えて政治論を語ってます。牧伸二といえば、ウクレレを弾きながら世相風刺、政治風刺を歌う芸風で、「あ〜あ、やんなっちゃった、あ〜あ、おどろいた」のフレーズとともに昭和世代にはおなじみの芸人さん。

青島、ノックらの当選を聞いた瞬間は、やった！　と喜んだものの、これは裏を返せば、大衆がいまの政治家や政党に抱いてる不信感の表明だと思えてきたといいます。

自民党は信頼できない。社会党にはホネがない。公明党はきれいごとばかり。共産党は活躍のチャンスを得られない、と各党をひとくさり批判したところで、選挙で棄権ばかりしてる人間にこんなことという権利はないかな、と自嘲します。牧伸二もたけしさんと同様に、投票には行かないそうで、政治をネタにする芸人は、特定の政治家・政党に肩入れしないほうがやりやすいのでしょうかね。

選挙期間中にテレビの番組収録でタレント候補たちを風刺したネタをやったら、放送時にすべてカットされたそうです。収録後にスタッフが選挙管理委員会に問い合わせたら、放送してはダメだといわれたらしい。牧は、罰金払ってでもやりたかったとなかなかの反骨ぶりを見せます。

しかしこのときばかりでなく、普段から政治風刺ネタをテレビでやると、何のことわりもなくカットされることがあるとこぼしてます。いまと比べればテレビでの表現に格段の自由があったこの時代にも、テレビ局が政治家に配慮して自主規制することがあったことを示す、興味深い発言です。

†再びマエタケ

さて、ここまでで、終戦後から一九六〇年代までの芸能人による政治発言の歴史をざっくりとお話ししたことになります。政府からの圧力やいやがらせに抗いながら、とりわけ六〇年代には、芸能人も積極的に政治を批判し、政治活動に参加していた事実がおわかりいただけたのではないでしょうか。

長い前置きを終えたところで、ようやく、冒頭で紹介したたけしさんのギャグに出てきた、前田武彦の登場と相成ります。

同時代の人たちは親しみを込めて前田武彦を「マエタケ」と呼んでました。なのでトリローと同じように、本書では前田武彦とマエタケを併用させてもらいます。

マエタケについては、共産党バンザイ事件だけがひとり歩きして、共産党のシンパ、左翼みたいな色眼鏡で語られることも多いのですが、あらためてマエタケの政治発言を洗い直してみると、かなりの誤解・偏見が含まれていたことがわかりました。

前田武彦は、もともとは放送作家でしたが、しゃべりが達者だったので司会として起用される機会が増え、いつのまにかタレントになった人です。その点ではテレビで共演することが多かった大橋巨泉と似ています。

語り口のうまさで人気者になったマエタケでしたが、いまでいうところの「イジり」要素が強めの芸風だったため、アンチが多かったのも事実。若手時代の欽ちゃん、萩本欽一さんも共演番組ではかなりイジられてまして、前田さんはいい人だけど共演するのはちょっとキツいとインタビューでグチをこぼしてるくらいです。あの欽ちゃんが音を上げるくらいだから相当ですよね。マエタケは相手が女性歌手や女性タレントであっても容赦しないので、そのファンの人たちからも嫌われてました。

そしてもうひとつの特徴が、政治や社会問題に関する発言の多さです。一九五九年のラジオ関東（現・ラジオ日本）開局とほぼ同時に始まった名物番組『昨日の続き』（『昨日のつづき』とする表記が混在してますが、どちらが正式だったのかは不明）では、はかま満緒らと時事放談をしていましたし、テレビでも大橋巨泉と辛口の政治トークを繰り広げました。でもそれは左派思想に偏った発言ばかりではなく、まっとうな社会正義の主張であることが多かったのです。

一九七〇年にはマエタケの事務所に、前田と女房こどもを殺すという脅迫電話がかかってきました。結果的に何事もなかったのでアンチによるイタズラだったと思われますが、このとき脅迫された理由として疑われたのがテレビ・ラジオでの発言でした。

このころ、プロ野球選手が暴力団と組んで八百長試合をしたケースが次々に発覚し、黒い霧事件として世間を騒がせました。マエタケは自分が司会していたテレビ番組でこの件を糾弾しました。新聞社やテレビ局はプロ野球チームと密接な関係にあるせいか、八百長問題へのマスコミの追及は甘すぎる。芸能人にも暴力団とつながりのある人がいるようだし、もっと暴力団のことを取りあげるべきだ、と。

もうひとつは、飛行機ハイジャック事件を起こした赤軍派をラジオで徹底批判した件。ハイジャックなんてむちゃなことをするよりも、もっとユーモラスにアピールする方法を考えろ。たとえば東京タワーのてっぺんに赤旗を立てるとか、などと、赤軍派や左翼の象徴である赤旗をイジってるんです。こうした言動から、殺害予告をしてきたのは暴力団か極左、どちらの可能性も疑われました。

同年の『学習の友』では読者の若者に向けて語りかけます。戦争中、自分は軍国主義の指導者のいうことを疑わず信じていた苦い体験がある。だから、自分の意見をちゃんと持ち、自分とは正反対の意見にも耳を傾けよ。

ものごとを懐疑的に見ていくのも大切だと、至極まっとうな主張をしてるのですが、そこで終わらずひとこと多いのがマエタケの悪いクセ。頭から信じてしまうなら創価学会にでも入ったほうがいいなどと、いわんでもいいイジりをするから、ほうぼうに敵を作るんです。

†マエタケと共産党はずぶずぶだったのか?

六九年末にマエタケは共産党支持を明言して世間を驚かせます。でも当時はタレントや文化人で共産党支持を表明していた人がけっこういました。大物ですと、作家の松本清張や作曲家のいずみたくは熱心なシンパとして有名でした。なのでマエタケがとくに珍しい存在だったわけではありません。

共産党主催の音楽祭の司会を務めたり、宮本書記長と対談をしたりと積極的な活動が目立ったので、前田は共産党とずぶずぶの関係だ、と嫌悪する声も聞かれました。しかし後年のコラムやインタビューでは、共産党との仕事はすべてギャラをもらって仕事としてやっていたといってます。それによって客観性を保ち、狂信者にならぬよう距離をおく理性的な対応です。

宮本書記長との対談記事を読んでみても、ゴマをする様子はまったく見えません。それどころか、共産党はいまは平和的な仮面をかぶってるが、仮面をとったら血を見るようなおそろしいことを起こすのではないか、なんて右翼ばりのぶしつけな質問を遠慮会釈なく浴びせてます。自分はソ連よりアメリカのほうが好きだともいってます。

対談の最後では、共産党の政策をすべて支持するというのではなく、いまのままの政治じゃいけないという危機感から、現状への反対票として共産党に投票するのはありですかと、一般論として質問してますが、のちにべつのコラムでも同様の発言をしていますので、これがマエタケの一貫した政治姿勢だったのではないかという気がします。

ここで思い出していただきたいのが、森繁久彌と自民党の関係性です。森繁は自民党が主催する集まりなどに何度も顔を出してます。佐藤首相や中曽根首相らとも親交がありました。でも、ときには彼らにキツい政治批判をぶつけるんです。

これって、マエタケの共産党に対するスタンスと同じなんです。政党を支持し、協力はすれど媚びはしない。イベントの出演料ももらうけど、歯に衣着せぬ直言もする。

もし、マエタケと共産党のつながりを批判して、タレントは政治発言をするなというなら、森繁と自民党のつながりも同じように批判しなければいけなかったはずです。与党支持はオッケーで野党支持はダメというのでは、政治的公平さを欠きます。

一九七〇年五月には、ストライキ決行中の報知新聞労組のデモ行進に参加して、堂々と先頭を歩いてる姿が『週刊明星』に写真入りで報じられてます。記事はマエタケの政治姿勢や正義感あふれる人間性に〝シビレタッ〟と絶賛しています。

「あっ、マエタケだ!」と気づいた通行人が集まってきました。そんな聴衆に彼はマイクを持って語りかけます。

こういう演説となるとやりがちなのが「我々はー、断固としてー」みたいな月並みなアジテーションですが、マエタケの口調はいつものラジオやテレビと変わりません。ストライキ潰しのために会社側が暴力団を社内に入れて負傷者が出た。そういう理不尽な暴挙をぼくは許せないからデモに参加したんだ、と述べると、通行人からどっと拍手がわき起こりました。

ラジオの『昨日の続き』でも、労働争議を暴力で解決しようとする風潮を共演者のはかま満緒とともに痛烈に批判しましたし、テレビの『巨泉×前武ゲバゲバ90分』では巨泉と一緒に安保反対。そうした政治・社会問題への発言の多さから、次の参院選ではマエタケが共産党から出馬するとのウワサがかなりの説得力を持って広まりました。なにしろこのころ、石原慎太郎、青島幸男、横山ノックなどのタレント議員が選挙で台風の目となっていたのです。前田の出馬が予想されるのも当然で、もしも共産党から出馬すればぶっちぎりの得票数で当選まちがいなし、との読みにも信憑性が出てきました。

ところが実際には、マエタケが選挙に立ったことは一度もありませんでした。政治家になりたがるタレントも少なくないなかで、政治批判はしても政治そのものからは距離を置く立ち位置を貫いたのです。

ただし、保守陣営はかなり本気で出馬を警戒していたフシが見えます。そのためテレビ・ラジオでのマエタケの言動は逐一チェックされてました。そんななか、事件は起こります。

†「驚くべき発言」？

七三年に起きた夜ヒット共産党バンザイ事件はわりと知られているのですが、それ以前にもうひとつ政治絡みと疑われた降板事件があったことは、すっかり忘れられているようです。

一九七一年四月一一日、東京都の現職、美濃部都知事が二期目に臨んだ都知事選で、対立候補の秦野章を大差で破り再選を果たしました。その一週間前、四月三日の放送をもって、マエタケがレギュラー出演していたラジオ関東開局以来の名物番組『昨日の続き』が突然打ち切りになったのでした。

『昨日の続き』は、前田武彦やはかま満緒ら数名のパーソナリティが時事問題や社会問題について語る硬派な番組でした。毎晩一〇時二五分から一〇分間放送のミニ番組なので、新聞のラテ欄でもほぼ省略されてしまうにもかかわらず、毎晩熱心に聴いていたリスナーの支持によって、一〇年以上も続く長寿番組となっていました。

三月に放送された番組内で、マエタケは共産党系の美濃部候補の支持を明言しました。これが政治的中立の立場を取る放送基準に抵触したというのが、局が番組を打ち切った表向きの説明。

しかし『週刊文春』『女性自身』他複数の雑誌が、番組が打ち切られた裏には自民党の圧力があったことを疑う記事を載せてます。その根拠のひとつとされてるのが、自民党の機関紙『自由新報』の番組批判。

『自由新報』は当時の紙名で、現在は『自由民主』に改題されてます。最近のを読んでみたところ、自民党の活動を報告する常識的な広報紙になってました。『Hanada』や『WiLL』のような過激な内容を期待すると肩すかしをくらいます。

それを期待するなら、一九七〇年前後の『自由新報』を読んでみるといいでしょう。紙面の端々から、増長する野党と左派をなんとか踏みつけてやりたい、と燃え立つ執念、渦巻く妄念が立ちのぼってきます。

マエタケの番組を批判したのは、三月三〇日付の「マスコミパトロール」なる常設コーナー。『昨日の続き』三月一〇日放送回でマエタケがしゃべった内容を克明に再現しています。

……両陣営とも盛んにタレントをねらっているが、彼らのうちにはどちらを支持しても具合が悪いということで態度をハッキリしないものが多い。しかしそんな必要はない。倍賞千恵子などはハッキリ美濃部支持といっている。自分も朝日からたずねられたが、ハッキリ美濃部だと答えた。それはだれに頼まれたわけでもなく自分の考えで支持しているからそう答えたのだ。美濃部さん支持の方にはそういう人が多いがはたのさん支持の人びとは、どちらかというと頼まれたから、というのが多い。いまのところどっちが勝つかわからないが、都知事などというものは政党やイデオロギーで選ぶものじゃない。都民のためにやってくれる人を選ぶべきだ。……いまの知事が革新系だから、いくらかバランスがとれているが、これがくずれて保守系ということになったら、お先まっくらだ

私が少年時代にテレビで見て記憶に残ってる前田武彦といえば、トガッたところなど微塵も感じさせない普通のおじさんで、むかしはものすごい売れっ子司会者だったと聞いたときも、えー、この人が？　と信じられなかったくらいです。

この文字起こしされたしゃべりを活字で読むことで、ああ、これが全盛期のマエタケ節だったのだなと合点がいきました。敵も多かったけど、歯に衣着せぬ主張に惹《ひ》かれていた

熱心なファンも多かったというのにもうなずけます。

ラジオパーソナリティが自分の政治的意見を〝ハッキリ〟示すことでそれが叩き台となり、リスナーそれぞれが「その通り！」「それは違う！」と自分の主張を組み立てていく。それがオピニオン番組のおもしろさです。〝不偏不党〟でどっちつかずの生ぬるい番組を聴きたがるリスナーなんて、いるんですか？

ラジオでの前田発言を紙上で長々と引用した上で、マスコミパトロールの筆者は、それを批判します。

まさに驚くべき発言といわねばならない。前田氏は以前にもこの種のことをしばしば発言しているが、この日の放送は全く極端なもの。これを不問に付しているラジオ関東にも問題があるといえよう。

この日の記事には、大きめの活字で目立つ見出しがついてます。「極論を不問に」「ラジオ関は、なにをしている」

自民党の公式機関紙でここまで強く批判された数日後に、いきなり番組が打ち切りになったんです。『日曜娯楽版』や『おとなの漫画』にかけられた政治圧力を知っていた当時の人なら誰しも、今回もラジオ局に政治的圧力がかかったな、と疑いました。

だいたい、「驚くべき発言」とか大げさすぎる反応がわざとらしいんです。マエタケがラジオ・テレビで革新系政党を応援してることはずっと前から周知の事実でした。ラジオ・テレビを毎日こまめにチェックして、自民党が批判されてないかパトロールしてる記事の筆者がいまさら驚くはずがない。

それに、記事を何度読み直しても、マエタケ発言のどこが極論なのか、まったくわかりません。美濃部に投票しよう、と不特定多数のリスナーを焚きつけたのなら、公共の電波を使った選挙活動とみなされるけど、自分は美濃部を支持すると表明するのは言論の自由の範囲であって、それをやめさせるほうが、むしろ言論の自由を弾圧する不当な行為です。

ここで公平を期すために、じつは同時期、ラジオ関東には『マスコミ寸評』という週一放送の一〇分番組もあったことを申し添えておきます。こちらは村松剛、戸川猪佐武ら保守派の論客による時事放談番組で、一月に放送された初回では、『朝日新聞』『週刊朝日』『朝日ジャーナル』を左翼偏向と終始攻撃していたのです。

こちらの極端な番組は打ち切りにならず、自民批判の『昨日の続き』だけを打ち切ったのですから、ラジオ関東が政治的中立を重視していたってのは完全にウソです。『自由新報』のマスコミパトロールは、保守系番組の驚くべき極論を不問に付して、保守批判の番組だけを狙い撃ちしてたのだから、彼らの言葉を借りるなら「まさに驚くべき記事」といわねばなりません。

†マスコミパトロールの執着心

非常に興味深いものだったので、私もマスコミパトロールの記事をパトロールしてみました。

今回確認できた範囲では、一九六八年の八月七日付に「電波パトロール」として紙面に登場したのが最初です。当初はその名の通り、テレビ・ラジオ番組のなかで、保守や自民への批判、もしくは革新系野党を支持する内容を放送したものを取りあげて「晒《さら》す」のを目的としてました。ちなみに初回のパトロールで捜査網に引っかかったのは、東京12チャンネルが七月に放送した『青春討論会　高校生の政治活動』でした。

一九七〇年の八月に、テレビ・ラジオだけでなく新聞・雑誌記事まで対象を広げ、「マスコミパトロール」としてリニューアル。基本的に隔週での掲載で、八〇年代まで続いてたようです。なお、現在の『自由民主』には「メディア解析」というコーナーがありますが、専門家によるマジメなオピニオンであり、パトロールの後継コーナーではないことをお伝えしておきます。

他にどんなパトロールをしていたのでしょうか。バックナンバーはマイクロフィルムなので、読むのに時間がかかります。さすがに全部読む気にはなれないので、ところどころ拾い読みしてみました。

記事を読んでいて気づきました。放送内容をここまで細かく再現できているのは間違いなく、録音してたからです。マエタケひとりを追っかけてたわけでなく、かなり手広く取りあげてるので、保守や自民に批判的なことをいいそうな番組を片っ端から録音していたと思われます。

執着心の凄さが感じられるのは、ラジオだけでなくテレビも、っていうところです。いまのように地上波全録レコーダーなんて便利なものはありません。それどころかタイマー録画できる家庭用ビデオもない時代です。だからパトロールの筆者はテレビの音声も放送時間にテレビの前にスタンバって録音していたのだと考えられます。

どんだけ熱心にチェックしてたんですか。この人、共産主義国家に行けば優秀な国民監視員として重宝されたことでしょう。『愛の不時着』に出てきた北朝鮮の耳野郎みたいな感じで。

などとディスっておりますが、この筆者の執着心のおかげで当時のテレビ・ラジオ番組の内容が文字起こしされて記事として残っているのですから、文化史研究者としては、とても感謝しています。これは皮肉でなく本心で。

せっかくなので、パトロールが残してくれた貴重な実例から、いくつかご紹介。一九六八年一〇月九日付で「漫才のなかの〝政治批判〟トップの勇み足」として取りあげたのは、日本テレビが九月二三日に放送した『お笑い秋祭り』より、コロムビア・トップ・ライトの漫才です。

記事ではそれぞれのセリフの頭にトップ、ライト、と書いてますが、二人の掛け合いなので省略します。最初に長々としゃべってるのはボケのトップです。なお、記事からの引用には一部差別表現が含まれますが、当時の文化を知るための貴重な資料なのでそのまま表記します。

「……先だってある局で、〝国家の財政はみんな国民の税金だ。代議士諸公はそれをあずかる金庫番にすぎないじゃないか。それで何も仕事をしないのはどういうわけだ。物価ばかりは勝手に上げて〟とやったら、君はいうに事欠いて、〝それじゃ佐藤（栄作）さんは乞食か〟といった。そのときわたしは〝乞食は何もしないでお金をもらうが佐藤さんはわれわれのために一生懸命やって下さっている。一生懸命お米の値上げをしているじゃないか〟といったんだ（場内、爆笑と拍手）。そうしたら自民党の方からおこごとがきた。我々の出演したテレビ局の局長さんなどが呼ばれて怒られた」
「申しわけないことをしたな、すまん」
「理由があるようでありませんよ。総理大臣ともあろう方が、漫才を気にしてるようじゃ政治はできないとおもいます（場内、大拍手）」

この漫才をパトロールは「大衆演芸の席でバクロ的に扱うのは、トップさん、ちょっとやりすぎじゃないかナ、といった声もある」と他人事のように当てこすってますけども、その声は筆者であるあなた自身の声でしょ？　しかもバクロってことは、自民党がテレビ局員を呼び出して叱責したのが事実であると認めたことになります。

コロムビア・トップがのちに（一九七四年）政治家になることを知ってるこちらとしては、やはり漫才師のときから政治ネタをやってたんだ、と感心してしまいます。しかも相当過激なネタで、これに比べたらウーマンラッシュアワーの村本さんのネタなんて、文科省検定済みの道徳教科書並みの健全さです。

昭和三〇年代から四〇年代前半にかけてのトップ・ライト人気は、とくに関東圏では凄まじく、テレビ・ラジオで何本もレギュラーを抱える売れっ子でした。なかでも、毎朝六時二〇分から時事ネタ漫才をやるという無謀（？）な試みだったニッポン放送の『起き抜け漫才』は一九五六年から一〇年以上続きました。

政治社会風刺・時事ネタ漫才でこれだけの人気を得た芸人は、後にも先にも彼らだけかもしれません。そして、トップ・ライトの政治ネタ漫才がスタジオの観客にウケていたこと、爆笑をとっていたことにも注目です。政治批判ネタで観客は普通に笑い、それが普通に放送されてました。政治家を笑いとばすことがタブーではなかったのが、この時代。

その一方で、タレントや芸人の政治批判ネタに政治家が怒って圧力をかけてくるのも日常茶飯事でした。ただし当時の局のおエラいさんは頭を下げて詫びつつも、放送は続行してたんです。肝が据わってますね。それに比べるといまのマスコミは、ちょっとでも苦情をいわれるとすぐにやめてしまう事なかれ主義に、頭の先までどっぷり浸かってます。

†風刺漫画家も戦っていた

いろいろ脱線してすいませんが、なにしろ仕入れた情報が山ほどありますので、出し惜しみせずにどんどん披露したいのです。

漫才師ばかりでなく、政治風刺漫画を描く漫画家も政治家に怒られてました。『世界』

一九七九年一二月号掲載の鼎談「政治と漫画」のメンバーは、サトウサンペイ、鈴木義司、東海林さだおの三名。

まずは、鈴木義司が口火を切ります。このあいだある代議士から、若者の間に政治不信があるのは、あんたら漫画家が代議士をばかみたいに描きすぎるからだ、と文句をいわれたと。それに対して東海林、サトウ両氏は、漫画家だけでなくみんなも政治家はバカだと思ってる、国民をバカにしてるのは代議士のほうだ、と応じます。

お三かたのなかでもサトウさんは、かなりパンチの効いたエピソードをお持ちです。韓国のソウル地下鉄汚職事件に岸信介が関与していた疑惑が取りざたされた際、サトウさんは韓国の地下鉄の車輪が「キシキシ」と音を立てている風刺漫画を描きました。すると岸信介事務所から怒られたのだとか。

各党の幹事長、書記長が一堂に会して、学者たちからの質問に答えるテレビ番組に、なぜかサトウさんが呼ばれて出演したときの話は、お宝レベルの秘蔵エピソードです。学者と政治家のやりとりを黙って聞いていると司会者が、サトウさんも何か発言をとふってきたので、みなさん土地を何坪もっているか教えてくださいと庶民的な野次馬根性で質問をしたサトウさん。では、一番はじに座っている田中角栄さんからお願いします、と指名したところ、田中は顔を真っ赤にして怒り出したそうです。

そのころ田中はまだ幹事長だったのですが、すでに都心一等地に大豪邸、通称〝目白御殿〟を所有してました。そんな豪勢な暮らしができたのは、政治家として得たインサイダー情報で土地転がしをして巨額の利益を得ていたからで、しかもダミー会社を使って自分の名前が表に出ぬよう巧妙にやっていたなんてことものちに暴露されますが、当時は疑惑が囁かれていただけでした。目白御殿の土地買収に関しても、あくどい手法が使われたと元の地主が週刊誌に怒りの告発をしています。

なんとサトウさんはそういった裏事情を知らずに、政治家の自宅の土地はどれくらいの広さなんだろう、と本当に興味本位で質問したのだとか。でも田中角栄は自分の疑惑をこともあろうに漫画家風情にイジられたと感じて頭に血が上ったのでしょう。

その質問にはお答えできません、と開き直った角栄が、わが自民党の政策は……と演説をはじめたところにサトウさんが「その話はけっこうなので、土地の坪数だけ」とたたみ掛けると田中はついに黙ってしまいます。そこでしかたなく、田中と反対のはじに座っていた共産党の不破書記局長に同じ質問をしたら、「私はアパートに住んでいます」。

まさに漫画を地で行くエピソードですが、このシーン、カットされずにテレビで放送されたんでしょうかね？　いつ、どの局で放送されたのかサトウさんは記事中ではあきらかにしてません。田中と不破が同時に出演できたのは六九年ごろかとあたりをつけて新聞のテレビ欄を調べてみたのですが、残念ながら該当する番組をみつけることはできませんでした。

収録後、控え室でみんなが弁当を食べてるところに田中角栄が顔を出し、さっきは怒ってしまい失礼した、とサトウさんに握手を求めてきたそうです。なんか憎めない人だなとサトウさんは思ったそうですが、これこそが角栄流人心掌握術なんです。選挙運動で街頭の有権者と握手しまくって親しみをアピールするのって（コロナ前までは）ほとんどの候補者がやってましたけど、あれを最初にはじめたのは田中角栄だったのではないかと、ノンフィクション作家の保阪正康さんが指摘しています。

まったく、風刺漫画に怒って苦情をいうなんて、日本の政治家はこころが狭いなあ、と呆れてるかたもいらっしゃるでしょう。でも日本だけではないんです。政治家のプライドが高いのは万国共通で、風刺や笑いにとても寛容なイメージがあるフランスでも、新聞に風刺漫画を描いてた漫画家が当時のシラク首相に苦情をいわれたそうです。顔の描きかたが気に入らないから描き直せと。ラジオでサルコジ大統領を風刺してた芸人が、突然番組を降板させせられた例もあります。

†まだまだ続くマスコミパトロール

さ、ここでふたたび、前田武彦ラジオ降板とマスコミパトロールの件に話を戻します。トップ・ライトをこきおろしてからひと月後、一一月六日付のパトロールが俎上《そじょう》に載せたのはTBSラジオ「お笑い指定席」。派閥がテーマのこの回のゲストは橋本龍太郎（自民）、上田哲（社会党）、そして評論家の入江徳郎。番組の司会は立川談志。ご存じとは思いますが、このかたものちに議員になります。トップにせよ談志にせよ、気まぐれで急に立候補したのではなく、ずっと政治に関心があったのだとわかります。

この日の番組は、入江が辛辣なジョーク混じりの自民批判を連発するひとり舞台だったようですが、そのジョークも批判もかなりスベってるので、あえて引用する価値はありません。司会の談志もつまんねえなと内心思ってたのか、適当なコメントでお茶を濁します。

談志「いまの日本は、政治家が、なにもせずに放っておくほうがいい。それでも日本はどんどんよくなる」

入江「たしかにそうだ」

上田「なんといっても、やはり政治が悪い」

とまあ、こんな感じの回だったので、つまらない回だった、とばっさり切り捨てればそれで良さそうなものですが、些細な政治批判も見逃さないのが、パトロール。「こんな調子であまり度を越すことになると「お笑い指定席」という看板も免罪符として、通用しなくなるかも知れない」。

うわ、コワぁ。通用しなくなったらどうするというんでしょう。うちの親方の政府自民党は放送業務を仕切ってるのだから、生意気ぬかすと痛ぇ目に遭うぞ、みたいなほのめかし？

このパトロールのすぐ下には、茶の間で大うけ「政治座談会」なる記事が掲載されてます。ＮＨＫで毎週日曜朝に放送されている「政治座談会」を取りあげて、佐藤総理、福田幹事長、田中角栄氏らは個性的で放送局内での評判も放送の受けもよい、と自民党政治家を手放しでほめまくってます。

一九七〇年には『巨泉×前武ゲバゲバ90分』を二回連続で標的にしています。『ゲバゲバ90分』をリアルタイムで見てない世代の私は、コント番組だとばかり思ってたのですが、大橋巨泉と前田武彦の時評トークにもかなりの時間を割いてたんですね。

この時期二人が頻繁に取りあげていたテーマは安保と沖縄返還交渉。安保反対は主張がわかりやすいのですが、沖縄に関しては、返還は賛成だけど日本政府の交渉のやりかたや、米軍基地問題がダメ、みたいな賛否入り混じった主張なので、わかりにくい。

だからパトロールがつける難癖も「反政府」「縦横にふるまう共産支持タレント」などと主張内容への直接的な批判でなく、人格攻撃になっちゃってますし、『ゲバゲバ』とは関係ない他局の番組批判に論点がズレてたりもします。その番組ではゲストの吉永小百合さんにマエタケが支持政党や安保の賛否をたずねていて、吉永さんの口から「安保には反対」という言葉を引き出したことを批判してるんです。パトロールの筆者はサユリスト（吉永小百合さんの熱狂的ファン）だったのかもしれません。

†マエタケバンザイ事件の経緯

度重なる圧力や妨害工作、いやがらせにもめげず、政治批判を続けたマエタケは、なかなかの硬骨漢です。選挙に出馬するのではとのウワサがつねにあったのもムリはありませんし、保守陣営や保守系マスコミは、何とか足を引っ張ってやろうと、つねに動向をマークしていたはずです。

だからこそ、普通にテレビを見ていた視聴者は誰も気づかなかった『夜のヒットスタジオ』でのバンザイが目ざとく見つけられ、前田を引きずり下ろす口実として使われてしまったのです。

この事件がどういった経緯で起きたのか。後年、六十代後半になったマエタケ本人が『週刊読売』の連載で当時を振り返って説明していますので、それをもとに検証していきます。

発端は、一九七三年六月に行われた大阪での参議院補欠選挙。自民、共産の事実上の一騎打ちとなり、両陣営が選挙戦で火花を散らしていました。東京在住のマエタケにとっては直接関係のない地方選挙です。

なのに、選挙戦最終日に大阪で共産党候補の応援をしてくれないかと依頼がきます。じつは意外なことに、それまで選挙の応援をしたことはなかったそうです。政治批判はするけど直接政治にかかわる気はなかったというのは、本心だったようです。

乗り気ではなかったものの、赤旗音楽祭の司会をやったりして党に知り合いもいたので、ムゲには断れません。ギャラをもらって仕事と割り切ってやるのなら、と引き受けました。

六八年の参院選で有名タレント候補が大量得票で軒並み当選したことで、各党ともに、タレントの知名度・訴求力を無視できなくなりました。七〇年代前半にはタレントは出馬するだけでなく、選挙の応援にも頻繁にかり出されています。

七二年一二月の衆院選で行われたタレント応援合戦についてまとめた記事が『アサヒ芸

能』に載ってます。エロやヤクザやゴシップのイメージがある『アサヒ芸能』ですが、七〇年代にはネタの切り口が秀逸な取材記事が多く、社会派の一面もありました。

どこの党であろうと、ギャラをもらえば応援に行くと答えてる芸能人はけっこういます。俳優の藤村有弘は「注文があれば、自民党だって共産党だってどこへだって駆けつけるものなんですわ」とドライな回答。

落語家の林家こん平さんは越後出身で田中角栄のファンを公言してたのに、今回は公明党から先に依頼があったから、公明党の応援に行った、日本をよくすることに貢献できるなら何党だってかまわない、といってます。

どちらかというとこのころは、共産党よりも公明党支持を明言するタレントのほうが多く見られます。創価学会に入会した人も多かったからでしょう。

政党や候補に知り合いがいて応援を頼まれたからやっただけで、自分は党員ではない、と明言する人や、応援してるかのように勝手にコメントを使われた、と嘆く人もいます。

そういうわけで、マエタケが仕事と割り切って共産党候補の応援に参加したのも、当時としてはわりと普通に芸能人がやっていたことでした。

そして乗り込んだ大阪。沓脱タケ子候補のとなりで手を振ってるだけでいいかと思ったら、演説を求められました。そうはいっても、よく知りもしない候補について話すネタなどあるはずもなく、苦しまぎれに沓脱さんにあだ名をつけることに。とっさに口をついて出たあだ名がなんと、〝ボクシングのグローブ〟。

これもいつものキツいイジリ芸だったのですが、女性の顔をボクシングのグローブに見立てるのは、いくらなんでも失礼です。周囲の空気が凍りついたのを悟ったマエタケは機転を利かせ、そのグローブで相手候補をノックアウトしてください、と起死回生のアドリブを放ちます。これで笑いが起きて空気が和らいだものの、まだ不十分だと焦ったあまりに、沓脱さんが当選したら、テレビの生放送でバンザイします、と宣言してしまったのでした。

当時の選挙は翌日開票だったため、結果が判明したのは翌月曜の昼。沓脱候補が見事当選したと知ると、その晩の『夜のヒットスタジオ』生放送でバンザイしなきゃならないなあ、どのタイミングでやるべきか……と悩むマエタケ。

でも、生放送中は進行のことで頭がいっぱいです。バンザイする約束を思い出したときにはすでに番組のエンディングになってました。音楽とともに画面にスタッフロールなどが流れるなか、出演者たちが司会の前田武彦・芳村真理の前を通り、あいさつしながらスタジオを出ていくのが恒例でした。そのときにはスタジオの音声はオフになっていて放送には乗りません。

出演者が次々にスタジオを去って行き、最後尾の鶴岡雅義と東京ロマンチカのボーカル、三條正人が通るとき、「三條君、おつかれさま、バンザーイ」と両手を挙げたら、いつものマエタケのおふざけだと思った三條もバンザイしてくれたのだとか。もちろんその音声は放送されてません。

前田武彦はずいぶん律儀な人ですね。当選したらバンザイします、とその場のノリで宣言したことなんて、普通なら忘れたふりしてやりませんよ。じゃなければ、ホントに忘れちゃうか。やらなかったとしても、文句いう人もたぶんいないでしょ。なのに、約束は約束だからと実行するその誠実さがアダとなってしまいます。

これをテレビで見ていて目ざとくみつけたのが『週刊サンケイ』の記者。応援演説で、候補者が勝ったら夜ヒットで何かいいます、バンザイしますと宣言したのをマエタケは実行した、と七月六日号で記事にしました。実際の応援演説では『夜ヒット』でと番組名は出してないので厳密にいうとこの記事は誤りなのですが、この小さな記事から尾ひれがついて広まり降板させられた上に、その後一〇年以上フジテレビからまったくお呼びがかからなかったというのですから、いまもむかしも炎上は恐ろしい。

マエタケは『夜のヒットスタジオ』の司会を九月いっぱいで降板させられてしまいます。局側の説明では、ちょうど九月で前田との契約が切れるので、番組リニューアルのために降板してもらったのであって、政治的な意図はないとのことでした。でもそのわりには、一〇月からはしばらく司会者不在のまま番組が続くという不自然な放送形態になります。リニューアルだったら何か月も前から後任司会者の人選を進めていたはずなので、突発的に上層部が決めた変更に現場が混乱していた様子がうかがえます。

しかもマエタケは『夜ヒット』だけでなく『ゴールデン洋画劇場』の解説と、ニッポン放送のラジオのレギュラーも降ろされたとなれば、どう控えめに見ても、フジサンケイグループから干されたのはあきらかです。

裏社会の動向に通じている『アサヒ芸能』は、保守系の政治団体が前田武彦追放のキャンペーンをはっていたことをスクープしています（一九七三年九月一三日号）。この政治団体がフジテレビや番組スポンサー企業に送りつけた要望書（機関紙）を『アサヒ芸能』は入手。写真入りで報じてます。「テレビタレントの言動に監視の眼を」「カネ儲けのため、共産主義者を気取る男」「前田武彦を放送界から追放しよう」などと大書された要望書の写真に『アサヒ芸能』がつけたキャプションは「えげつない〝糾弾〟」。

肝心の文書の内容はというと、前田が一億円の豪邸に住んでいるだとか、事実無根のでまかせばかり。この団体の会長とも連絡がつかないし、会員も七人か八人くらいしかいないらしいし、実態がよくわからない組織だったようなので、どれだけ影響力があったのかは不明です。ただ、気に食わない言動をしたタレントを引きずり降ろすために局やスポンサー企業に圧力をかけるやりかたが、むかしもいまも変わらず行われているということは、やはりある程度の効果があるのでしょうね。


捨てる神あれば拾う神ありとはよくいったもので、降板から数か月後にマエタケは缶ジュースのCMに起用されます。そのCMでマエタケがしゃべったフレーズが「バンザーイ！　アッ、またいっちゃった」。いやはや、スゴい自虐ネタです。

世間の些細な反応に過剰反応し、事なかれ主義でタレントを切り捨てるスポンサーもいれば、こういうキツいシャレがわかるスポンサーもいるんです。『アサヒ芸能』は、マエタケがフジにCMで復帰、と皮肉ってます。さすがにフジテレビとしても、自分たちの対応を皮肉っているCMの放送まで拒否することはできなかったのです。

NHKは人気時代劇『天下堂々』に剣豪・千葉周作役でマエタケをゲスト出演させてま

す。この『天下堂々』は数年前に放送された『天下御免』のコンセプトを継承したオリジナル時代劇。そのコンセプトというのが、公害問題やら消費者問題やらといった現代の政治・社会問題を江戸時代に置きかえて風刺するという、かなり攻めた企画でした。

時代劇なのにセリフにCMのパロディが多用されることも（ワンパクでもいい、たくましく育ってほしい、など）話題となりましたし、東京ゴミ戦争（他区のゴミ処理まで押しつけられていた江東区が他区からのゴミ搬入を拒否した騒動）をモチーフにした江戸のゴミ戦争の回では美濃部都知事が背広姿で登場するなど、マジメなNHKのイメージを覆す表現が連発されたことには賛否両論。

保守的な時代劇ファンは拒否反応を示したものの、二五パーセント近い視聴率を叩き出すこともあったのだから、めちゃくちゃハマってる視聴者も大勢いたのです。NHKの上層部にも、あまりのやりたい放題ぶりに腹を立ててた人がいたと漏れ伝えられましたが、この数字を取ってたら、黙認するしかありません。

日活のポルノ女優を普通に女優として起用したり、青島幸男が宴会好きなチャラい二宮尊徳を演じた回もあったくらいなので、政治発言で干されたマエタケに白羽の矢が立ったとしても驚きはしません。

余談ですが、NHKって、意外と義侠心にあついところがありますよね。最近でも、ジャニーズ事務所からの独立問題でもめて民放各局からは敬遠されている草彅さん・香取さん・稲垣さんをたびたび起用してますし。

作家の遠藤周作は『週刊読売』で連載していた対談コーナーに前田武彦を呼び、バンザイ降板事件の真相をたずねてます。説明を聞いた遠藤ですが、テレビ局がマエタケに下した処遇に納得がいかないようです。

「例えばだね、ぼくがあるテレビ局で、現内閣の批判をするとしますな。そうすると、二度とその局からお呼びが掛からないかしら。これはちょっと考えられんねェ」

「それはありませんね」

「ということはただ……司会者はただの紹介者であればいいっていうことかな」

「そうでしょうね。無色透明、常にニュートラルであるべきだっていうんでしょうね。でも、右寄りの人は、なんで何も言われないんでしょう」

と、ついついマエタケもホンネを漏らしてます。

†軍歌を肴に酒は飲めない

このときマエタケは「右寄りの人」の実名を出してませんが、私の推測では、彼の脳裏をよぎったのは一龍齋貞鳳《いちりゅうさいていほう》だったんじゃないかと思います。

貞鳳は講談師でしたが、本業よりもＮＨＫラジオ・テレビで放送された『お笑い三人組』の正ちゃん役で有名になった人。番組へのレギュラー出演によって勝ち取った全国区の知名度を武器に一九七一年の参院選に自民党から出馬して、見事当選しました（二期目を目指した選挙では落選）。

出馬が内定していた七一年二月に東京・八王子で開催された自民党演説会での演説内容が物議を醸しましたが、ほとんど報道されてません。でも、同時期にマエタケが美濃部候補を支持した件は、多くの雑誌で批判的に報道されたんですけどね。ずいぶんと扱いに差があるものです。

このときの貞鳳の演説をもっとも詳細に報じたのも『アサヒ芸能』でした。

日本の芸能人の七割五分から七割八分が共産党だということでございます。青島、ノック、前武、巨泉をはじめ……芸能人の十人に八人は、日本がロシアや中共のようになればいいなあ、なんて思っているのです。これは放送局のカメラマンやディレクターも同じことで、連中は家庭の電波を乱用して、みなさまがたをジワジワ赤化しようと企んでいるのでございます……青島でも、ノックでも、口では無所属といっておりますが、やはり、天皇はいらない。人の恩なんか忘れてもかまわない、などと思っております。そういう連中が、ある一部のバカものの票で議員になっているのですから、日本はなかなかよくはなりません……わたしは自民党で二等兵として働きたいのです。軍隊は元帥だけではダメです。わたしのように、へいこらへいこら、便所のキン隠しを掃除したいというふうな議員も必要なんです。こんな男を一匹ぐらい出してくださいよ。

いくら自民党支持者だけの集まりとはいえ、ここまで偏見まる出しの悪趣味な人格攻撃をしたら、貞鳳の人間性が疑われます。芸能人の七割五分が共産党などと事実無根のデタラメを並べ立てた演説を、記事ではまさに講釈師見てきたようなウソをいいの感がある、と皮肉り、このような政治感覚を持つ人を咎めもせずに公認候補にする自民党の見識も批判しています。

記事では、貞鳳に共産党のレッテルを貼られたタレント議員や候補たちの反論も載せてます。貞鳳は共産主義とは何かをわかりもしないで攻撃してるのだろうと静かに憤慨するのは横山ノック。立川談志はいつもの談志節全開でこきおろします。

「血まよったんじゃねえのか。だいたい貞鳳は共産主義をわかってるのか？　アイツの政治感覚なんて落語と同じだよ。『え、なんだってね、コミュニストには共産主義者が多いっていうじゃねえか』あのタグイさ」

野末陳平さんは、自分と一緒のメシを食ってきたテレビスタッフまでアカ呼ばわりするなんてひどいよ、と呆れ顔。

マエタケはこのとき海外旅行中で取材できなかったため、二月一四日付『赤旗日曜版』掲載のコメントが引用されてます。野末さんと同様に、仲間のテレビスタッフをこきおろす貞鳳に苦言を呈します。「テレビでジワジワ赤化しているなんていうけど、貞鳳さんだってテレビに出てたじゃないか。こんな人だとは思っていなかったなあ」

とまあ、テレビで共演してた仲間たちから総スカンをくらう貞鳳。それより私が引っかかったのは、二等兵を気取る一節です。威勢のいいことをいってますが、終戦時に一八歳だった貞鳳には軍隊経験はありません。すでに五代目貞丈に入門してましたが戦時中は講談修行は中断されてましたし、その間貞鳳が何をしていたのか謎なんです。

この世代の人たちはたいてい、戦時中にこんなツライことがあったよ、となにかしら戦時中の体験談や苦労話を語るか、もしくは戦時中こんな活躍をしたよと自慢するものです。

しかし、講談界の裏事情をあけすけに暴露して仲間内から嫌われるほど口の軽い貞鳳が、戦争体験についてはは不自然なくらい何も語ってません。エッセイやコラムを読んでも、弟が学徒動員中の事故で死んだこと、空襲で母親が失明したことにちらっと触れてるだけ。

肉親が戦争で死んだり大ケガをしたりという不幸はかなり重大な体験だったはずで、感情的になって思い出を語ってもおかしくないのに、貞鳳は戦争についても家族についてもまるで無関心。ご自分が戦時中どんな生活をしていたかについてもあきらかにしてません。疎開してたらしいというボンヤリした事実を匂わすのみ。

戦争を思い出したくないほどイヤな経験をしたのだろう？　いや、違いますね。そういう経験をした人なら軍人を気取るような軽率な発言はしません。はい？　お前がわかったような口をきくな？　もちろん私は戦争を体験した世代ではありません。でも、マエタケは体験してました。

貞鳳より三つ年下のマエタケは戦時中、予科練にいました。予科練とは、軍隊にまだ入れない年少者を将来の軍人候補として訓練していた機関で、志願制です。

マエタケは予科練での経験を『暮しの手帖』一九七五年三・四月号掲載のコラム「君は軍歌を歌って酒が飲めるのか」で振り返ります。なかなか味わい深い一篇なので、戦争をテーマにしたコラムアンソロジーを企画中の編集者には一読をお勧めします。

当時マエタケは小料理屋のオーナーでもあり、干されて芸能活動ができなかったからでしょう、店にもちょくちょく顔を出してたそうです。店内のＢＧＭとして有線で懐メロを流していると、この時代ですからまだたまに軍歌がかかります。あるとき軍歌を耳にした戦中派世代の馴染み客から、懐かしいな、一緒にいっぱいやりませんかと誘われたのですが、胃の調子が悪いからと断ります。

胃が悪いといったのはウソで、本当は軍歌を肴に酒を飲む気にはなれないからでした。それが予科練時代の苦い思い出のせいであることを語ります。

マエタケは両親の反対を押し切ってまで予科練に志願した愛国少年でした。飛行機乗りになりたかったのです。しかしそのときすでに戦争末期で、もう飛行機の生産すらままならぬ状態では、飛行機乗りを養成しても仕方がない。ということで前田は、まったく志望してなかった海の特攻隊要員に編入されてしまいます。人間魚雷「回天」と同様に、敵艦船に突撃して自爆する大型潜水艇みたいなものが開発中で、その乗組員として訓練を受けることになりました。

この特攻隊の志願者を選ぶ前に、志願者の数を決めるための調査だとして、無記名で賛成か反対かを書かせて提出させられました。でもその後特攻要員に選ばれたのはなぜか全員、反対と書いた者ばかりだったことが仲間内の会話であきらかになります。そんな偶然はありえません。どうやら記入した用紙に細工がしてあり、無記名でも記入者がわかるようになっていたようなのです。反対と書いた者を特攻隊にするという陰湿なやりくちを知って、軍隊への不信感がふくらみました。

ある日、仲間のひとりが訓練用潜水艇の重い鉄製のハッチに指をはさまれ、三本切断の大ケガを負います。すると士官は練習生たちを招集し、冷たく告げたのでした。愚かな者が自分の命が惜しくなり、兵役免除になるためにわざと自分の指を切断するバカなことをした。そのものはただちに軍法会議に送られ処刑される、と。

それから五日後。出撃前に終戦となったことで、自分の意志と関係なく戦争で死ぬ理不尽な運命におかれていたマエタケ少年は命拾いしたのです。


かたや、軍隊経験がないくせに威勢よく二等兵を気取った貞鳳。

かたや、お国のためと意気込んで入った予科練で、図らずも軍隊の陰湿さや非情さを思い知らされたマエタケ。

二人の経験の差が、戦後の発言内容の差となって現れているんです。彼らのバックグラウンドを考慮に入れると、貞鳳の言葉はどこまでも空虚な絵空事にしか聞こえません。マエタケの数々の政治批判には意外なほど重みがあったことがわかります。

国や軍隊は美辞麗句を並べて国民を惹きつけておきながら、いともたやすく裏切ったり冷酷になったりする現実を見てしまったからこそ、マエタケは国や政治家に全幅の信頼をおくのは危険であると身に染みてわかったのでしょう。

いまや前田武彦というタレントは、共産党にバンザイして干された人、なんて狭いイメージだけで懐かしがられるようになってしまいました。その件だけで判断すると、政治の季節の時流に乗って政治批判をしてただけの人、みたいに思われるかもしれません。でもあらためて彼の足跡や言動を調べてみると、彼の政治批判にはちゃんと中身があったのだとわかりました。

戦後、政治批判をした芸能人のなかでも、三木鶏郎と並んでホネのある人だったと、前田武彦を再評価すべきです。いま政治発言をしてネットで叩かれている芸能人のみなさんは、彼ら先人の生きかたを参考にしてみてください。

参考文献

どこから来たのか、どこへ行くのか、コメンテーター

『広告大辞典』久保田宣伝研究所編　1971年
岩永信吉『報道・教養番組　放送の知識シリーズ3』同文舘　1956年
岩城浩幸「テレビ局解説委員に聞け！」（『調査情報』2008年5月号）
『月刊自由民主』1978年各号
本多圭「芸能裏街道」（『創』1989年5月号）
「人物ウイークリー・データ　松平定知」（『週刊宝石』1989年5月25日号）
松尾羊一「コメンテーター起用の楽屋裏」（『ビジネス・インテリジェンス』1992年9月号）
山口文憲「コメンテーターの条件」（『東海総研マネジメント』1995年5月号）
嵐山光三郎「コメンテーターってなんなのさ」（『週刊朝日』1997年4月18日号）
『週刊ベースボール』1976年3月以降各号
『女性セブン』1996年10月10日号
『週刊大衆』1999年10月18日号
福田恆存「平和論の進め方についての疑問」（『中央公論』1954年12月号）

『現代文化人の心理』米田庄太郎　改造社　１９２１年

画面隅の小窓はいつからワイプと呼ばれるようになったのか

『広辞苑』第六版、第七版　岩波書店
天久聖一「寺門ジモン自答」（『テレビブロス』２００８年4月26日号）
「テレビマンがお答えします！　テレビの文句ぶっちゃけＱ＆Ａ」（『テレビブロス』２０１１年7月23日号）
『シナリオハンドブック』大木英吉・鬼頭麟兵・鈴木通平　ダヴィッド社　１９６１年
並河亮『演劇・娯楽番組』同文舘　１９５６年
『朝日新聞』２０１０年12月14日付夕
『読売新聞』１９５６年７月７日付
『読売新聞』１９５７年9月21日付夕
高野光平「ＣＭアーカイブの旅　vol.7」（『GALAC』２００９年10月号）
「ヒント　アイデア　プラン」（『宣伝会議』１９６３年5月号）
『読売新聞』１９７１年6月13日付
多賀三郎「ＮＴＶのワイプナイターに思う」（『映画撮影』１９７１年9月号）
『大衆とともに25年』日本テレビ放送網株式会社社史編纂室編　１９７８年
『タイムテーブルからみたフジテレビ35年史』フジテレビ編成局調査部　１９９４年

『読売新聞』1975年11月17日付
『読売新聞』1981年6月2日付夕

逮捕された歌手のレコードが回収された最初の例と、ちょっと長めの後日談

『読売新聞』1936年12月24日付
『写真週報』1943年2月3日号
「洋楽は〝新しい伝統〟か」(『朝日ジャーナル』1969年9月28日号)
淡谷のり子『酒・うた・男　わが放浪の記』春陽堂書店　1957年
淡谷のり子『老いてこそ人生は花』海竜社　1991年
「芸能界をオチョクって発禁をくらった嘉門達夫のウップン・ブルース」(『サンデー毎日』1985年7月21日号)
松本洋一「芸能人が中に入ったらこうなった」(『実話ナックルズ』2012年5月号)
ウィキペディア「克美しげる」
「愛人殺し克美茂の獄中告白記」(『週刊読売』1976年5月29日号)
「なぜ克美茂のレコードを回収・廃盤にするのか」(『週刊読売』1976年5月29日号)
「皮肉！　あの克美茂が獄中で人気スターに！」(『週刊平凡』1976年6月3日号)
「珍現象！　荒木一郎のレコードがヘンに売れている」(『週刊平凡』1969年3月27日号)
石橋春海「追悼克美しげるさん参列者8人だけの通夜」(『週刊朝日』2013年10月18日号)

『朝日新聞』１９７７年9月1日付夕刊
「克美茂事件にみる〝女の執念・愛欲闘争〟考」（『週刊ポスト』１９７６年5月29日号）
「村田英雄、玉川良一らが克美茂の減刑嘆願運動」（『週刊明星』１９７６年６月６日号）
「殺人犯・克美茂の減刑嘆願運動をはじめた芸能人の感覚」（『アサヒ芸能』１９７６年６月24日号）
「スクラムが乱れた「助命減刑運動」」（『週刊読売』１９７６年7月24日号）
長塚杏子「芸能人の家庭の事情」（『食品商業』１９７６年10月号）
「克美茂事件　私たちはこう思う」（『女性自身』１９７６年６月３日号）
本多圭「芸能裏街道」（『創』１９８４年1月号）
亀井淳「克美茂〝人民裁判〟とマスコミ」（『第三文明』１９８４年1月号）

あなたの知らない略奪婚の実態

黒柳朝「どっこい生きてるおチョウ夫人」第1回（『SOPHIA』１９８５年7月号）
『判例時報』１９５９年7月21日号
『ケース研究』１９６４年8月号
「榊ひろみが結婚！　荒木道子の長男荒木一郎くんと」（『週刊明星』１９６５年8月29日号）
「荒木一郎の〝花嫁略奪〟事件の真相」（『週刊明星』１９６７年10月23日号増刊）
「シェーは略奪結婚されちゃったんダーヨ」（『週刊女性』１９６６年2月5日号）

「じつは略奪婚なんス！」（『週刊女性』１９７３年10月６日号）
「掠奪女房を紹介します」（『週刊女性』１９７７年11月８日号）
「マイク真木が〝掠奪結婚〟入籍済み！」（『週刊女性』１９７８年７月25日号）
『週刊文春』２０１９年11月７日号
「加東康一の斬り込みインタビュー　二谷英明」（『週刊大衆』１９８６年４月28日号）
「〝陽気な聖女〟川口小枝の略奪結婚」（『週刊ポスト』１９７０年12月11日号）
「松尾ジーナが略奪結婚！　その言い分」（『女性セブン』１９７４年５月22・29日号）

ラジオからテレビへ——新聞ラテ欄から見える歴史

『読売新聞』１９２５年11月15日付　他
山田一郎「読者と視聴者への二重奉仕」（『新聞研究』１９５９年６月号）
『読売新聞』１９２５年１月22日付、１９２５年３月３日付、１９２５年３月31日付
『昭和62年版　通信白書』郵政省

ニュースショーが終わり、ワイドショーが始まった

「ワイド・ショーほど低俗な番組はない？」（『20世紀』１９６９年１月号）
『読売新聞』１９６４年４月７日付、９月10日付
「ニュースショー４年間の乱戦の果て」（『週刊読売』１９６８年２月16日号）

木下浩一『テレビから学んだ時代』世界思想社　2021年
『読売新聞』1966年10月29日付
『朝日新聞』1966年10月29日付
『自由新報』1968年8月28日付
「消されたテレビ番組の全記録」（『潮』1973年3月号）
浅田孝彦『ニュース・ショーに賭ける』現代ジャーナリズム出版会　1968年
『読売新聞』1964年8月12日付、8月17日付、11月16日付、11月23日付
『朝日新聞』1965年11月14日付
志賀信夫「ニュースショー4年間の乱戦の果て」（『週刊読売』1968年2月16日号）
福田定良「ワイド・ショーの報道性と娯楽性」（『ブレーン』1969年3月号）
隅井孝雄「ワイドショーはどこへ行く」（『文化評論』1973年4月号）
笹原隆三「虚構の中の日常」（『創』1977年11月号）
「ワイドショーの文法がメディア全体を席巻する」（『SPA!』1993年10月6日号）
「座談会〝今年は悲しい事件が多かったですね〟」（『主婦と生活』1965年12月号）
山川建夫「「あたりまえのこと」をいったらおろされた」（『女性自身』1971年3月13日号）

政治を語る芸能人

「北野武、政治を語る」（『SIGHT』2002年SPRING）

『ビッグコミック』2019年5月25日号
「収録済の〝安倍と籠池コント〟がボツに！」『LITERA』2017年5月28日（https://lite-ra.com/2017/05/post-3198_2.html）
「田中康夫の愛の大目玉」（『SPA!』2004年2月17日号）
『読売新聞』1960年1月14日付
「首相招宴名簿の浮き沈み」（『週刊新潮』1964年4月6日号）
『読売新聞』1965年4月14日付、1966年4月20日付夕、1976年3月28日付
田中政和「中曽根総理とタレントたちのジョイント・ショーの一部始終」（『噂の真相』1983年7月号）
「こんな政治家私だったらゼ〜ッタイ抱かれたくない！」（『週刊女性』1997年12月9日号）
三木鶏郎「〝冗談〟決算報告」（『先見経済』1955年1月25日号）
天野祐吉「表現のなかの野次馬たち」（『放送文化』1979年6月号）
永六輔『一人ぼっちの二人』えくらん社　1961年
室伏哲郎『戦後疑獄』潮出版社　1968年
三木鶏郎『冗談十年』駿河台書房　1954年
武田徹『NHK問題』ちくま新書　2006年
三木鶏郎『三木鶏郎回想録2　冗談音楽スケルツォ』平凡社　1994年
『読売新聞』1970年3月22日付

波野拓郎『知られざる放送』現代書房　1966年
『キネマ旬報』1960年11月下旬号、12月上旬号
『テアトロ』1960年7月号
『平凡パンチ』1977年4月11日号
『潮』1975年1月号
村山望「タレント議員第一号バイオリン演歌師「石田一松」」（『新潮45』2005年12月号）
立川談志「連載20　立川談志も間違っていると思うけど……」（『宝石』1995年9月号）
「牧伸二へ20の質問」（『サンデー毎日』1968年7月28日号）
「前田武彦が謎の男から脅迫」（『週刊平凡』1970年4月16日号）
前田武彦「自分の意見をもとうよ」（『学習の友』1970年6月号）
『毎日新聞』1969年12月21日付　日本共産党全面広告
「前田武彦が共産党から立候補!?」（『週刊明星』1970年7月12日号）
『女性自身』1971年4月24日号
『週刊文春』1971年4月26日号
『週刊ポスト』1971年4月30日号
『自由新報』1968年10月9日号
「〝前武問題〟で労使激突　ラジオ関東」（『時事解説』1971年5月18日号）
小島貞二「戯評漫才売り出す」（『日本』1960年5月号）

小島貞二「ある社会派漫才コンビの20年」（『サンデー毎日』1966年11月13日号）
「座談会　政治と漫画」（『世界』1979年12月号）
保阪正康『田中角栄の昭和』朝日新書　2016年
立花隆『田中角栄研究全記録』講談社　1976年
『週刊時事』1991年11月9日号
『クーリエジャポン』2010年11月号
『自由新報』1968年11月6日号、1970年1月27日号、2月10日号
前田武彦「てれびの化石」（『週刊読売』1996年9月22日号、9月29日号、10月6日号）
「またも狩り出された有名タレントの〝政治発言〟」（『アサヒ芸能』1972年1月27日号）
『週刊サンケイ』1973年7月6日号
『アサヒ芸能』1973年9月13日号
『アサヒ芸能』1974年4月11日号
『週刊現代』1974年4月18日号
『週刊サンケイ』1974年5月24日号
『経営評論』1974年10月号
『読売新聞』1971年10月15日付夕、10月26日付、1972年5月26日付、7月28日付
遠藤周作「ぐうたら先生　冒険　熱血　激烈　対談」（『週刊読売』1974年2月9日号）
「タレント候補をアカ呼ばわりした貞鳳の政治感覚」（『アサヒ芸能』1971年3月4日号）

一龍斎貞鳳『話の味覚』桃源社　1962年
一龍斎貞鳳『講談師ただいま24人』朝日新聞社　1968年
『月刊時事』1973年5月号
前田武彦「君は軍歌を歌って酒が飲めるのか」（『暮しの手帖』1975年3・4月号）

ちくま新書
1709

読《よ》むワイドショー

二〇二三年二月一〇日 第一刷発行

著者 パオロ・マッツァリーノ

発行者 喜入冬子

発行所 株式会社 筑摩書房
東京都台東区蔵前二-五-三 郵便番号一一一-八七五五
電話番号〇三-五六八七-二六〇一（代表）

装幀者 間村俊一

印刷・製本 三松堂印刷 株式会社

ISBN978-4-480-07513-0 C0236